你可以不加班

Boost Your Efficiency

前言

對於時間的利用和支配，我想每個人都有自己獨到的方式，但這些方式有的卻不是很合理，而科學的利用時間不但可以讓我們更輕鬆的完成自己所接受的任務和使命。相對於人生那匆匆幾十年的光陰，看似很長其實真的很短，我們所浪費的時間就足夠讓一個人的夢想成真。

人生有三分之一都是出於睡眠中，再加上我們的上學、上班以及娛樂、吃飯、行走的這些時間也要佔用三分之一的時間！如此算下來，我們真正能夠做事的時間也就是短短的一段光景。

既然如此，我們為什麼不合理的利用時間，科學地支配我們無所事事的那段時間，讓自己更加充實呢？在本書中，我們就詳細的為所有人解說了如何利用時間以及合理的支配時間的方法。

很多人都沒有自己的規律，完全就是想到什麼就去做什麼，或是只因為工作而工作，其實這樣的被動處理時間的方式是最容易讓一個人感覺疲憊，讓自己的生活顯得一團糟。一個規律的時間可以讓生活擁有節奏，而對於節省時間來說，有效的利用閒暇時間，可以讓自己的生活和工作更加的飽滿。

正如書中的第一章所說，一個好的方法就是節省時間最好的方式。古語有言：磨刀不誤砍柴工。事前的思考看似浪費時間，但它卻能夠有效的完成工作，有預見性的人永遠都會比別人更早地實現理想。

如果說什麼東西是最平等的，那麼可能就是時間了，每個人都擁有它而且每天都是二十四小時，所以如何管理好自己這一天的生活，就是我們需要認真考慮的。有人說，做自己喜歡做的事情，效率就高，節省的時間就能更多；但如果碰到不喜歡的事情呢？那麼只好強迫自己快速的完成或是將這份工作以整化零，讓自己每天在同一時間內去做自己不喜歡的事情，這樣的分割也可以讓自己不必太過煩惱。

「在今天和明天之間，有一段很長的時間；趁你還有精神的時候，學習迅速辦事。」——歌德

「我們若要生活，就該為自己建造一種充滿感受、思索和行動的時鐘，用它來代替這個枯燥、單調、以愁悶來扼殺心靈，帶有責備意味和冷冷地滴答著的時間。」——高爾基

「完成工作的方法是愛惜每一分鐘。」——達爾文

「合理安排時間，就等於節約時間。」——培根

向這些人學習，讓自己的生活擺脫茫然，讓自己工作能夠更進一步，這就是我們應該做的。

目 錄

目錄

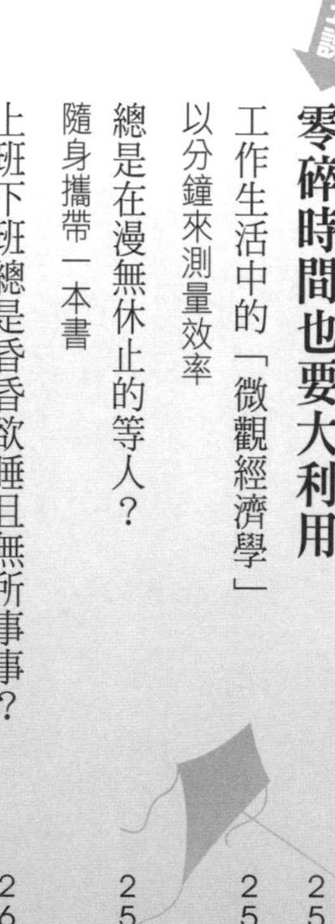

序章

為什麼我的工作進度這麼慢？

事前沒有任何計畫

想像一下，早上九點鐘，你和往常一樣走進辦公室，然後在辦公桌前坐下，即將開始一整天的工作。是的，今天又有一大堆事情等著你處理。面對這些事情，通常而言，你是怎麼處理它們的？想到哪件就立刻著手去做？還是說，你在開始所有工作前，會花上三五分鐘列一份工作計畫？

很多人都認為，自己應該是富於創造、會隨時迸發靈感的「發明家」，因而那些生硬、死板的條條框框會造成限制。如果你也有這樣的想法，說明你和他們一樣，犯了「時間管理」概念錯誤。

我們說，事先制定的各種「計畫」，他們最重要的目的是讓你知道哪些事必須在今天內完成；哪些事情很重要，需要優先處理；哪些事情性質相同，可以整批處理……而以上的這些所有事前謀劃，正是為了給你營造更集中、更充裕的時間進行「創造」。哪怕你的工作隨時充滿變數，你也可以及時調整自己的計畫表。

或者你還會講，那些事情你每天都在頭腦中規劃過了，只是沒把它們寫在清單而已。但事實上，我們很多時候的確高估了自己的記憶能力，特別是在一大堆亂七八糟的事情面前，我們極有可能忘記中間一些瑣碎的小事，而這些小事又是必不可少的。比如：給客戶一通電話，告訴他發票的抬頭要寫上部門名稱；或者工作完成後，發一封封郵件給上司進行報備。

不願制定明確工作計畫人們的「慣用藉口」

1. 計畫總趕不上變化→

計畫是可以及時調整和修改的

2. 明確的計畫會限制我→

就是要時刻限制你不能拖沓

3. 頭腦中大致想想就可以→

很容易忘記一些瑣碎的事務

一個工作缺乏計劃性、總在不斷變換方式和安插臨時事務的上司，很難在下屬面前樹立真正的威信；下屬如果工作無法分清主次，總是在盲目行事，自然也難以得到上司的賞識和肯定。下面是一些日常工作中缺乏計畫的表現，你可以認真核對，看看哪些是自己常犯的。然後把它們抄在一張紙上，爭取從今天開始就改掉這些毛病。每改正一個毛病，你就用筆把它劃去，這樣能給自己帶來更大的動力和激勵！

工作缺乏計畫的表現

- 不清楚工作量大小
- 經常延後完成任務
- 容易遺忘工作
- 工作總被雜事打斷
- 缺少長期願景規劃
- 先挑輕鬆的工作做
- 容易半途而廢
- 很少確認進展情況
- 月底年底總在趕工
- 短期不知該做什麼

完備的工作計畫要包括哪些？

一個清晰、明確的紙本日程計畫絕對是必要的。它讓你站在全面的角度，事先考慮好哪些事情需要處理、各自的優先順序、完成期限等，清晰、明確的計畫至少應該包含下面這些問題的答案：

1.什麼時候開始：

- 早上還是下午？
- 具體幾點？

2.什麼時候結束：

- 哪天完工？
- 最遲幾點？

3.由誰做效率最高：

●自己動手 VS 授權他人　●全體會議 VS 單獨面談

4.怎麼去做：

●打電話 VS 發郵件

5.先做什麼：

●哪些事情重要？　●哪些事情緊急？

6.時間「留白」：

●是否會有臨時事務？　●要預留多少時間？

可想而知，制定有據可考的日程計畫是提高工作效率首先應該注意的問題。如果沒有條理清晰的工作計畫，你就會陷入一種忙忙碌碌卻勞而無功的迴圈裡。當一個人抱怨工作案牘如山，而自己卻忙得連去廁所的時間都沒有時，不妨先檢討下自己，是不是一開始的時候，我們就錯了。

做一些無關緊要的東西

缺乏時間計畫的人，在日常的工作中，經常把時間花在一些無關緊要的事情上，而最應花時間的任務卻往往因為時間不夠而完成不了。比如，召開漫無目的的會議；參加不必要的會面；亂放重要檔案致使在需要時卻找不到；身為工廠老闆卻去參加計劃生育的會議；企業老總卻熱衷於複印或打字的工作等等。

再比如，習慣性拖拉。不擅長的事情喜歡拖拉，擅長的事情因為過於追求完美也拖拉。廢話連篇的時間浪費；熱衷於閒聊和請客；目標不明的會議；沒完沒了的公文旅行；不期而遇的街頭閒聊；接待不速之客的訪問；電話交談越扯越遠。不僅如此，有些管理者還喜歡事必躬親，凡是都要自己親自去過問、查詢甚至動手操作，而這些事情，實際上可都以交給專門負責的部門來做。

可能很多人都會覺得，不論是東拉西扯的電話，還是意外來訪的不速之客，或是漫長而毫無意義的會議，都是工作的一部分內容，不可避免。而實際上，這些看似與工作息息相關的事情，很可能恰恰是與工作無關緊要的一些事情，而我們努力地去完成這些工作的同時，恰恰也是在浪費時間。

或者，你還可能這樣想：這些事情就算不是很緊急很重要的，又怎麼能說是無關緊要的呢？比如接聽電話，這些來電中很可能就牽扯到公司的重大專案的談判和進程；再比如漫長的會議，正是因為會議中需要討論的事情很多，而這些事情又很重要，所以，為了尋求一個最合適最完美的解決方式，我們才不得不拖延了會議的時間……。

實際上呢？十分鐘的電話裡，你真的都在談論公司的事務嗎？有對這件事情得到確切的消息嗎？漫長的會議裡，公司又真的對某件重大事情的做了具體的結論嗎？真的將目標指派到專門的部門，從而將事情順利解決了嗎——大多數時候都是得不到確定答案的吧！既然如此，這些事情就是在做白功，就是無關緊要的。

面對這樣的情況，你是要先花上幾分鐘時間理清一下思路，確定哪些工作是必要的，必須要做的，而哪些是完全無關緊要的並將其放掉，還是繼續著無關緊要的事情來浪費工作時間呢？我想大家都需要認真考慮一下。

為什麼總是在做些無關緊要的東西

有些人可能會覺得，明明我們每天都在認真工作，每一秒都在進行著工作中的事務，怎麼會做與工作無關緊要的事情呢？造成我們浪費這些時間的原因又有哪些呢？通常來說，造成這種情況的原因可能有以下幾點：

1. 習慣性拖延↓

對於不擅長的事情，應該主動協調交與合適的人選，而不是一味拖延；而自己所擅長的事情，則要儘快完成。

2. 職責許可權不清，工作內容重複↓

與同事協調合作，可使分工合理清晰，並與他人的時間取得協調。

3. 事必躬親，親力而為↓

不在自己範圍或職責之內的事情可以進行合適的請托；學會從相關的部門或人員手中獲取所需的資料，既節約了時間，又保證了資訊的正確性。

4. 溝通不良↓

事前與上司同事及部門負責人就事情本身做好溝通，爭取一次過關，不要在一件事情上反反復復修改，浪費不必要的時間。

5. 工作時斷時續↓

學會處理各種出其不意打斷工作的狀況，不要讓別人浪費你的時間。

擅長處理以上問題的人，必定在工作中能夠得心應手，對於工作中可能出現的各種突發情況都有一定的處理經驗，也就能夠避免總是在做無關緊要的東西，從而達到高效利用時間的結果，工作進度也就得以大大提升。

做無關緊要的東西會有什麼影響

●常常被影響思路　●工作效率大大降低　●目標不明確

●缺乏做事輕重緩急的順序　●緊急重要工作不能按時完成　●沒有時間分配的原則

怎樣避免總是做些無關緊要的事情

1. 明確目標；

2.有計劃、有組織地進行工作；

3.分清工作的輕重緩急；

4.合理地分配時間；

5.與別人的時間取得協調；

6.制定規則、遵守紀律。

如果我們一直處於遲鈍的時間感覺中，換句話說，當你覺得時間可有可無，不願面對工作中的具體事務，沉溺於「天上隨時掉下大餅」的美夢，那就需要好好反省自己了，因為你隨時在喪失寶貴的機會，隨時可能被社會所淘汰！

總是顧慮太多、猶豫不決

工作中，當我們每天早上坐到辦公桌前面的時候，有時候常常會為該先做哪一件事情而猶豫不決，比如，今天我是先要拜訪客戶呢？還是先把會議需要的PPT做好呢？當你覺得天氣不好，風沙太大不宜外出，而下定決心去做PPT時，卻又想到會議定在下週一，還有五六天的時間，而客戶已經打過好幾次電話了，還是先去拜訪客戶吧。但是出了門，又忍不住生出倦意：明天再去也不遲吧？於是，返回辦公室想做PPT……幾經周折，一件事情都沒有做成，卻已經臨近午飯時間。

或者，為了做一篇宣傳活動用的PPT，三番五次地進行修改：這個風格不好看，那個字體不太搭配，這個圖片位置不太好，那個顏色有點俗……改來改去，又浪費不少時間，宣傳活動臨近了，你卻還在為PPT煩惱，可能到最後，你真的可以拿出一份完美的PPT宣傳資料，但是，也有可能時間就這麼被白白浪費了，最後的成果並沒有如料想般，達到一鳴驚人的效果，甚至可能由於你一直猶豫不決、前後顧慮太多，而致使時間不夠用，宣傳資料沒有完成。

也有可能出現這樣的情況：面前的事情一大堆，可是卻猶豫不決究竟要先做哪個，該從哪裡入手，看看這個，翻翻那個，將每個檔都看過一遍，卻拿不定主意究竟要從哪個著手，踟躕過後，又白白浪費了不少時間。

顧慮太多，猶豫不決的心態

1. 不知道先做哪一件事情↓

   總有一件事最緊急而且必須要儘快完成的

2. 過分追求完美↓

   按時按量的完成工作比做一份精美的PPT要重要得多

3. 沒有目標↓

   可以先做自己最擅長的或是時間要求上最緊急的

顧慮太多，猶豫不決的拖延心態必然要付出更大的代價。能拖就拖的人心情總不愉快，總覺疲乏，因為應做而未做的工作不斷給他壓迫感。「若無閒事掛心頭，便是人間好時節」，拖延者心頭不空，因而常感時間壓力。拖延並不能省下時間和精力，剛好相反，它使你心力交瘁，疲於奔命。不僅於事無補，反而白白浪費了寶貴時間。

顧慮太多，猶豫不決的表現

1. 不知道從何或如何入手↓
   設立目標
2. 不知道為什麼要做↓
   找出與自己相關的地方、對自己的好處
3. 不喜歡去處理或是不擅長此事↓
   建立自信，跟自己說「我可以做到」
4. 個人情緒或健康問題↓
   儲蓄時間全力再戰
5. 缺乏獎勵↓
   設置自我獎勵
6. 沒有迫切性↓

給自己制定一個完工期限

7.找藉口↓

時刻提醒自己事情的重要性

8.過分憂慮↓

有充分的準備，才會把事情做好

9.忙碌過後↓

時間就是金錢

如何改善猶豫不決的心態

1.每次只處理一件事情：

●做最重要的工作　●做最緊急的是工作　●做最擅長的事情

2.及時去做：

●第一時間知道任務的歸屬　●任務一下達就要考慮工作的準備情況

●在第一時間找到相關資料

3.交予下屬去做：

●改變事必躬親的習慣　●懂得拒絕　●學會授權

4.把工作分成若干部分：

●需要查詢資料的部分　●需要外出拜訪客戶的部分　●需要集中整理的部分

5.訂出具體的工作時間：

●什麼時間開始　●什麼時間進行到什麼程度　●什麼時間完成

事實上，很多工作在開始之前看似很難，致使我們總是不自覺地想東想西，從而越想越不願意動手去做，越會覺得自己不擅長或是不願意去處理此事，但是一旦開始之後，就會發現，這些事情自己也可以做的得心應手，不知不覺中，已完美地完成該項任務。

固執己見，與世隔絕

相信大家都聽說過閉門造車、出門不和轍的故事，那麼，在工作中，我們同樣要避免固執己見、與世隔絕的工作態度。很多時候，我們很難去承認自己的想法不是最佳選擇，因此可能越來越執著於自己的想法，變得閉目塞聽。但是，這可能會讓我們很難取得進步，效率就會很難提高。在這種情況下，即使認真思考改變人生的可能性都會變得很難。也許你會覺得，書本中的知識已經足夠多，自己也已經滾瓜熟爛，只要按照那些框架去做事情，就可以了。但是，如果迷信書本，就會成為一個沉迷於自我幫助的人，從而無法在行動中運用那些新資訊和新學到的事物、不容易接受新的思想，也無法拋棄已經無用的舊思想。

也有些時候，我們總是習慣於低估自己，結果往往是弄假成真。對此，心理學家羅洛梅總結說：「許多人覺得，在命運面前，自己的力量微不足道，打破現有的框架需要非凡的勇氣，因而許多人最終還是選擇了安於現狀，這樣似乎更舒適些。所以在當今社會，勇敢的反義詞已不是怯懦，而是因循守舊。」

現實中有很多人極為固執，不肯改變看法，要是在工作中也如此固執的話，那將是一件比較頭痛的事情。因為很多時候，別人的意見對於我們進行工作有著相當大的幫助，我們常常會聽到這樣的說法：「三人行，必有我師焉」。這就說明，別人的看法和對待工作的不同態度，對於我們改善目前的狀況，很可能有著極大地幫助。很多時候，我們即便是知道自己的看法不對，也不會立即接受新的看法，而是會比較謹慎地考察一番之後，再選擇自認為穩妥的方案。我們必須努力說服自己，改變原來的錯誤或者有缺陷的觀點，然後讓自己努力認可別人的看法。

固執己見的人的幾種心態

1. 缺乏溝通，閉門造車→

打開心胸，開闊視野，從他人和自己的錯誤中汲取教訓，從書籍等資源中獲取知識。

2. 缺乏自信，安於現狀→

積極主動，努力接受和學習心得知識資訊，加以嘗試，彌補自己的不足。

3. 態度消極，不願改變→

社會在發展，時代在進步，有些事情用舊的方法已經不容易解決，我們必須尋找新的方法和措施。

與任何事一樣，這事說起來容易做起來難。你必須認識到你的知識領域畢竟是有限的，而你做事的方式也會存在不足。那麼不妨就嘗試一下新事物吧。閱讀一下艾克哈特．托勒的《一個新世界：喚醒內在的力量》，特別是有關Ego的章節。正如托勒所建議的，如果不再像Ego那樣思考，就會更加容易接受新思想，拋棄那些已經無用的舊思想。另外要補充說明的就是——不要迷信書本，也不要盲目追求新的資訊，否則你就會成為一個沉迷於自我幫助的人；在行動中要實際運用那些新資訊和你學到的事情，然後加以嘗試。

固執己見，與世隔絕的眾多表現

- 不知道要幹什麼
- 不知道怎麼做
- 準備時間過長
- 從不積極主動參與工作
- 無此意願
- 誤把行動當成效
- 時間觀念差，拖拖拉拉
- 時刻都在工作，卻總得不到理想成績
- 反覆修改
- 埋頭苦幹，缺乏與同事、上司交流意見

如何集思廣益、統合綜效

- 確立目標

- 融合所有人的智慧
- 通過雙贏思維，發展各自的方案
- 知彼解己，瞭解差異並找出優點
- 放棄你的武裝，誠懇接受對方由衷的建議
- 傾聽他人的方案及觀點就是一個好的學習機會
- 討論不是為了說服別人，而是要尋找更好解決方案
- 每個人都有貢獻，你的貢獻尤其重要，別忘了把他人的利益考慮進來

統合綜效，兼具這些優點的協力廠商案，永遠有存在的可能！

1. 做水果拼盤，不是搗果醬！要保留各種不同風味與特點；
2. 顧及所有人的利益；
3. 從差異中學習。

集思廣益，綜合考慮大家的意見之後，我們就會發現，有些事情，其實可以用另外一種更方便更高效的方式去做，從而節省時間，大大提高工作效率，而且開闊了視野，對自己在以後的工作中，解決更多的事情，提供了各種各樣的參考和依據，工作就會做的更加迅速而完美，我們的職業生涯也會更加輝煌。

找出自己莫名浪費掉的時間

很多時候，我們都感覺到自己是在認真工作，每一分每一秒都確確實實花在了刀口上，可是，等到驗收成果的時候，卻突然發現，其實，在規劃好的時間裡，我們並沒有把工作做得如料想般完美，而實際上，這些時間完全可以做更多的事情，那麼，這些時間究竟是跑到哪裡去了？又是怎麼被浪費掉的？耐心回想一下自己一周所做的工作，比較一下，規劃所需要的時間和實際上所花費的時間，就會發現時間的浪費無處不在，而提高工作效率，能夠高效利用時間的首要準則就是要把浪費的時間找回來。

是不是有時候常常會忘記將時間做個具體的計畫？缺乏時間計劃性，就容易把時間花在無關緊要的事情上，而最應花時間的任務卻往往會因為時間不夠而無法完成或是做得不夠精細。同時，有些人也喜歡在工作中包攬一切，不願意授權給別人，這樣的結果往往是使自己陷入事務堆之中，即使看上去日理萬機，卻未必能取得好的工作效果。

有些人習慣性地拖拉，覺得有些事情不是一時半會兒就能做好的，所以往後拖延。人本身就有一定的惰性，猶豫不決或是過於追求完美而拖拉，這也在無形中浪費了一部分時間。另外日常的工作電話會議等，不僅浪費了口頭上的時間，而且打斷了工作思路，致使好不容易進入的工作狀態再次被打亂，再次進入狀態之前不得不花費一段時間進行調整。

再者，作為管理者的人，如果為了節省工作時間、儘快完成專案，而不給危機預防和危機處理預留時間，看上去似乎節省了時間，但是，一旦發生危機，處理起來會浪費更多的時間。

時間是怎麼被浪費掉的

1. 沒有計劃↓

把時間首先計畫在重要的事情上，然後給緊急事情留出一部分時間。

2. 眉毛鬍子一把抓↓

學會授權，把不擅長和不屬於自己職責範圍內的事情交予下屬或相關部門去做。

3. 沒有養成良好的習慣↓

對於眼下的事情，要寫下目標，設定優先順序，擬定計劃，對計畫設定優先等級和先後順序，排定時程表，確實做、馬上做。

4. 外部的打擾↓

學會正確處理各種郵件和電話以及出其不意的來訪等，確保自己的工作狀態不會隨時被打亂。

5. 不給危機預防處理預留時間↓

不要等到危機發生了，才在焦頭爛額的情況下，浪費大把大把的時間去處理。

莫名浪費時間的眾多表現

- 事前沒有任何計畫
- 疲於應付各種外界干擾
- 喜歡包攬一切
- 辦公桌環境混亂
- 半途而廢
- 故意縱容
- 從不拒絕同事或上司囑託的事情
- 習慣性拖拉
- 每天都很忙，卻沒有很多成果
- 做事情沒有條理
- 分不清事情的主次及緊急程度

如何節省時間，提高工作效率

1. 整理自己的辦公桌，使辦公環境清爽而乾淨：
   - 該扔則扔
   - 不要移師暗處
   - 不放無關物品，將物品放在固定地方
   - 建立良好的檔管理系統
   - 讓文件在面前只流通一次
   - 下班最後一件事——收拾辦公桌
2. 接到任務立刻進行分析，著手各種，改掉拖延的壞習慣：
   - 切香腸法，各個擊破，逐步解決
   - 改變自己愛拖延的思維方式
   - 避免過分的追求完美
   - 用平衡表分析，對比拖延的理由和不拖延的好處
3. 學會授權：

- 不在自己職責範圍內的交予相關部門
- 不擅長的交與其他擅長的同事

在著手整理完這些事情之後，就會發現，每天的工作任務量似乎少了很多，也不用再埋頭加班，累的要死要活，大半夜的加班趕工程了。屬於自己的時間漸漸變得多了起來，有時間娛樂，睡眠也充足了，以後的工作就更加得心應手，以此類推，我們只會做的越來越好，升職加薪的同時也使得自己嘗到了成功人士的喜悅。

第一課 高效利用時間的鐵律

世界幾乎全面地在進步，但我們一天還是只有24小時。最成功和最不成功的人一樣，一天都只有24小時，但區別就在於他們如何利用這所擁有的24小時。在資訊爆炸的今天，資訊的空間在無限地擴展，面臨競爭的壓力、客戶高品質的需求，您是否又有些無所適從呢？

「時間就是效率」、「時間就是金錢」、「時間就是生命」、「一寸光陰一寸金，寸金難買寸光陰」。諸如此類的描述我們每個人都可以脫口而出，但是我們做得究竟怎樣呢？

你真的知道自己每天都需要做什麼嗎？列出一張目標清晰的工作清單

事實上，在工作中，大多數人都會感到時間不夠用。儘管時間管理的重要性每個參與工作的人們都非常清楚，但是，還是有很多人沒有辦法在額度的 8 小時內妥善處理好自己的工作。

人們找到的最心安理得的藉口是：不是我偷懶，不努力工作，而是因為工作負荷太重，工作時間卻不夠用。他們會抱怨說，一天就24個小時，扣掉上班下班、吃飯睡覺的時間，我基本都是在工作了；我已經把工作帶回家做了；我幾乎沒有休息日；我已經加班到晚上9點了，我已經如何如何……

那麼給你一天8小時的工作時間，真的是不夠用嗎？排除也許你受到了個別黑心老闆的殘酷剝削，目前的工作對你來說真的是分量太重了嗎？你是否身兼數職，你是否需要日理萬機？

其實，遇到這種問題，你大可以抬頭看看身邊的同事，是不是他們都和你一樣，工作忙碌得不可開交？如果不是，那十分不客氣地說，這只能說是你個人的問題了。

你真的知道自己每天都需要做什麼嗎？

小穎是同年大學畢業的同學中比較幸運的一個，由於出眾的外表，成功進入到一家大型股份有限公司中。這家公司是半公半私的那種，內部不乏資深的老員工，所以，小穎一進公司，就被攤派了很多工作。小穎做的是行政工作，說來小穎的工作並不是技術難度很大的那種，只是量特別多。讀書的時候，小穎是學校裡數一數二的優等生，也曾經獲得過不少獎學金，但是到了職場上，卻被每天瑣碎的報表、會議記錄、PPT弄的頭暈腦花。這讓小穎心情感到十分煩悶，整天愁眉苦臉、抱怨連連，恨不得辭掉這份人人羡慕的「穩定」工作。

公司組織出遊的時候她認識了比她早三年進入公司的林姐，現在是公司的專案組長。林姐一路聽著小穎的抱怨，會心地一笑，她告訴小穎，兩年前的自己和她一樣，每天都要加班到晚上八九點才能辦完手頭工作，不要說娛樂休閒，甚至連陪伴男友的時間都沒有，工作生活一片混亂。但如今的她，基本上到下午兩點就已經處理完當天所有事情了，可以輕鬆地聽著音樂玩玩遊戲等待下班了，就在這樣輕鬆的工作狀態中她還替公司競標到不少單子，成為去年所有專案組長中拿到分紅獎金最多的一個人。而這一切的改變，僅僅因為一個小小的習慣——那就是一份早上擬定的工作清單。

小穎有些半信半疑，不過還是開始按照林姐的方法，每天到公司的第一件事就是將當天需要做的事按照輕重緩急羅列出來，並設定設定每個任務的時間。一個月後，雖然小穎在工作時間中還是比較緊張，但比以前有條理了很多。工作的品質也有所提高，PPT也有時間去做得更精美了，得到了頂頭上司的誇獎，當然心情也一掃陰霾。

可見，每天花幾分鐘時間列出一份清晰條理的工作清單，對一天的工作都有著極大的幫助，所以，在日常的工作中，我們也要積極養成每天列一份工作清單的習慣，將繁瑣的工作打理清晰，按照緊急次序一件件完成，必將極大地提高我們的工作效率。

為什麼要列一個工作清單呢

無論你是職場新鮮人，還是工作多年的職場達人，都需要一份簡明扼要的工作清單。因為一個人如果每天都是在紊亂狀態中開始的，那麼也許整天都會手忙腳亂，處於被動應付的局面。但是，如果每天早上都能花點時間思考今天該做什麼，讓零零碎碎的思路在思考中逐漸清晰，知道自己今天的工作重點，如何去完成，會讓自己的工作更具有條理性，目標也容易達成。整理一個目的清晰、可執行的工作清單，不僅能有效利用時間，也能讓自己在工作中變得更加主動，更有信心。簡而言之，列清單可以為我們帶來以下好處：

1. 對自己的工作進度一目了然；
2. 可以每天一早摸索出一種能幫我們節省時間的竅門；
3. 使你儘可能早點中止那些毫無收益的活動；
4. 你可以騰出足夠的時間，突擊處理最急迫的事情；
5. 把主要精力用於從長遠考慮收益最大的事。

簡單四步驟，工作不費力

一份有效的工作清單不但應該簡明扼要、主次分明、目標清晰，也需要實施步驟簡單，容易在短時間內迅速寫完。每一天運用標準化的實施步驟，在長期的堅持下，就會越寫越快，不需要深思就能切中關鍵，讓每一天的工作都井然有序，高效完成，再也不用熬夜加班。寫工作清單可以遵循以下四個步驟：

1. 列清單前要設置可實現的目標；

2.分化目標，把大目標變成小目標；
3.制定出完成目標的工作計畫；
4.清點每天需要完成的工作量。

幾點注意事項，終結「加班狂」

整理工作清單的目的只有一個，就是將時間花在真正重要的事情上，最終減少我們工作的時間，獲得一種輕鬆的生活狀態。因此一定要懂得時間的分配，本著先重後輕、先緊後慢、先急後緩的原則，梳理清楚。另外在安排計畫時需留有一定的閒置時間以應對突發的事情，避免整體計畫失敗。當然工作清單只是參考，它並不是僵化不變的，當事情有變化時可適度調整，吸取經驗將以後的工作計畫定得更具有可行性。那麼，列工作清單還需要注意哪些事項呢？

1.遵守輕重緩急，本末先後的原則；
2.使用先緊後慢，先急後緩的工作方法；
3.設定每件事的起始時間和結束時間；
4.給自己留出閒置時間，做突發事情；
5.一次只集中力量幹一件事；
6.根據事情進展，適度調整工作，監督計畫的可行性。

每一天都規劃好自己，升職加薪不再是「浮雲」

在現代競爭日益激烈的社會環境裡，每個人的時間都越來越緊張，需要完成的工作任務、學習任務越來越多，面臨的誘惑也越來越多，這時候，能否規劃好自己，能否在最短時間完成自己的目標，成為所面臨的首要問題。

每個人都有夢想，但有的人做事效率很高，將事情處理得井井有條，彷彿不費力就達到了自己的目標，活得越來越豐富。有的人看上去總是在忙，卻越忙越窮，離自己的夢想越來越遠。為什麼同樣的時間，效率差別那麼大？為什麼同樣的努力，效果如此不同？真的只是自己的運氣不好嗎？真的是自己的事情比別人多嗎？不要再找藉口了，也不要再拖延下去了，現在就開始吧，就從列一份工作清單開始，向你的夢想邁進。

在剛開始擬定工作清單時，不太容易進入狀態，因而花費的時間也會多一些，很多人就認為這是浪費時間而放棄。但是只要堅持一段時間，在看到顯著的成果後，當看到自己逐漸從工作的負面情緒中脫身，變得悠閒從容，再繼續下去就會容易很多，因此，任何事情貴在開始，重在堅持。

高效利用時間是一種能力，而且是一種應付現代社會的必備能力，但是這種能力不是先天就有的，而是需要日積月累的訓練。從現在開始，做一份工作清單，「浪費」你的三五分鐘，珍惜你的每一天。

你是不是真的瞭解自己？
按照生理節奏變動規律曲線來安排工作

在日常生活中，幾乎每個人都有這麼一種感覺：有時自己的體力充沛，情緒飽滿、精神煥發；而另一些時候，卻會感覺到身體疲乏、情緒低落、精神萎靡。這迴然不同的兩種情況對我們的日常工作也肯定有著截然不同的影響。這就說明，人的體力、情緒和智力的盛衰起伏也是呈現週期性變化節奏，而我們該如何利用這種變化來提高工作效率呢？就像看電視一樣，在黃金時段要播出最好的電視節目，才能創出高收視率，對於我們來說，則是在高效率的黃金時段，安排最重要的工作。

那麼，在工作中，進行了一段時間之後，你是否會覺得沒有精神、疲憊不堪？為了保持工作中的高效率，我們也必須按照自己的生理節奏的變動曲線規律來安排工作。那麼，早上來到辦公室之後，你是怎麼安排自己一天的工作任務的呢？這一天的工作結束之後，自己的工作效率又是如何呢？你是否真的做到了按照自己的生理節奏變動曲線規律來那排自己的工作呢？若是如此，你的工作效率又提高了多少呢？

你真的瞭解自己的生理節奏變動規律曲線嗎？

小沈大學畢業後如願進入一家大型貿易公司做一名專案企劃人員。從熟悉業務以來，大半年的時間都在勤勤懇懇的工作，做出績效的同時也被派發了越來越多的工作任務。於是，工作越來越忙碌的同時，小沈也覺得自己疲憊到了極點，每天早上坐到辦公桌前，先是處理各種郵件、電話記錄，用兩個半小時左右的時間做完這些，然後就開始覺得各種煩躁、頭暈，提不起精神，接下來的工作效率大大降低。而眼前仍有急需準備的資料：下午開會要用的專案介紹PPT，明天需要回訪的客戶名單，這周的工作報告……

剛開始出現這種情況的時候，小沈總是忍不住抱怨，經理派發給自己的工作量太大了，在上班時間將這些事情一一完美地做好是不可能的。但是，某一天下班的時候，小沈注意到鄰座的同事小林——他比自己加入公司早了一年的時間，已經升到了專案負責人的職位，按理來說，應該比自己有更多的事務和更大的工作量。但是，自己在公司的這段時間，幾乎沒有見過小林不分時段的日夜加班，或是一天到晚的疲憊不堪，相反，小林總是能在最合適的時間完成最重要的工作，而且，整個人看上去，整天都充滿了活力，沒有一點頹廢的樣子。小沈羡慕不已的同時，心裡也滿是納悶，自己嘗試著做了幾次改變，始終不得其果，只好厚著臉皮去向小林請教。

小林首先就問了一個問題：你知道自己在哪個時段的精神最好，工作效率最高嗎？小沈當即傻眼，這個跟工作量大有什麼關係？精神再好，也沒有辦法一次性就做完那麼多事情呀。小林似乎看出了他的疑惑，解釋道：「在一天的不同時段，每個人的精神狀態是不一樣的，工作效率也不一樣，為了保持高效率，我們必須搞清楚自己在哪個時段精力最充沛，則在這段時間就應該做最重要的事情，而在比較疲乏的時候，恰好可以做些諸如整理檔案、回覆電話郵件之類的事情，這樣，一天下來，能夠完成的事情自然更多，工作效率也會大大提高。也就是說，我們要按照自己的生理節奏變動規律曲線來安排自己一天的工作。」

小沈恍然大悟，利用兩三周的時間觀察自己的生理規律，並以此為依據來制定自己一天的工作安排，自此之後，工作效率果然大大提高，也無需夜以繼日的加班，更無須擔心重要的事情拖到最後一刻才險險完成。不需再時刻擔心工作沒時間做完，精神也放鬆了不少，做起事情來更加精力充沛。

每個人在一天的不同時段裡，精神狀態和生理節奏必然有所不同，在某一個時段裡會感覺精力充沛，對工作充滿了熱情和信心，做起事情來也是得心應手，而許多時候卻恰恰相反，無論做什麼都沒有精神，丟三落四、顛三倒四，工作效率自然也就大打折扣。同樣，每天的工作中，必然有一些是十分重要並且緊急的，而有些卻是不太重要的應酬。為了整體提高我們的工作效率，瞭解自己的生理節奏變動規律曲線，並以此來安排自己的工作勢在必行。

為什麼要瞭解自己的生理節奏變動規律曲線

很多人都不瞭解自己的生理節奏變動規律曲線，總是可能會在自己一天中精神最充沛效率最高的時候做一些無關緊要的事情，諸如與客戶合作夥伴打一通不太重要的電話，回覆各種不太緊急的郵件，接待意外來訪的客人等等，而急需要完成的工作諸如今天下午你需要在會議上做的專案簡介，明早就需要向經理彙報的專案進度，新上專案的市場調查等等，卻被擱置，被迫往後拖延。等處理完這些無關緊要的事情之後，一天中效率最高的時刻也已經被白白浪費掉了。等你回過神來，想要去處理眼下急需完成的工作時，卻再也提不起精神，一件本來可以很輕鬆就能完成的事情，卻因為思路不清晰，大半天才搞定。接下來要做其他事情，就只能加班了。而如果你能根據自己的生理節奏變動規律曲線來安排一天的工作，則可能要相對輕鬆許多，不僅能按時完成重要的緊急的工作，而且精神也會好很多。

總而言之，按照自己的生理節奏變動規律曲線來安排工作有如下好處：

1. 對自己一天的工作時間和範圍瞭若指掌；
2. 下意識地回避掉毫無意義的事情，加快工作進度；
3. 提高工作效率，避免加班；
4. 精神狀態好，工作積極熱情。

簡單幾步驟，合理規劃自己的工作時間

按照自己的生理節奏變動規律曲線來安排工作，比盲目進行工作，不僅大大提高了效率，而且對於我們安排工作有著極大的幫助，所以，我們要熟悉自己一天不同時段的生理狀況，根據其來安排自己的工作，可參考一下幾步驟：

1.瞭解自己一天的精神狀態；

2.分清事情主次輕重緩急；

3.在合適的時間做合適的工作；

4.綜合提高工作效率，不再加班；

5.保持好的精神狀態，輕鬆完成工作。

根據生理狀況調整自己的工作，不再焦頭爛額地「趕工」

按照生理節奏變動規律曲線來安排自己的工作，其目的就是為了能夠更好更合理更迅速地進行工作，減少一些毫無意義的時間上的浪費，真正做到把工作重心放到重要而緊急的事情上，減少干擾我們進行工作的無意義的事情和干擾，輕輕鬆鬆完成一天的工作量和任務。那麼，瞭解了自己的生理節奏變動規律曲線，也能夠按照此規律進行工作安排，我們還需要注意什麼事項呢？

1.連續二～四週記錄自己的生理變化和時間利用情況，將效果匯總，按照「極佳」、「佳」、「普通」、「差」、「極差」分成五個層次，畫在一張圖上，可確切得出自己一天的時間效率曲線圖。

2.做一些專門的分析，看看在某個工作地點的時間利用效率更高，在某個時段內做某種工作更加容易提高效率。

3. 根據黃金時間表和所做出的分析，著手調整自己的時間安排計畫。
4. 在每週進行一次自省和時間管理分析，查漏補缺。

每一分鐘都高效，時刻保持清爽的工作狀態

凡在事業上有所成就的人，都有一個成功的訣竅：變「閒暇」為「不閒」，也就是不偷清閒，不貪逸趣。實際上，有我們的生活和工作中，有不少時間是零碎的，還有一些時間是用來等待的，浪費的時間用「數以萬計」來形容是並不過分的。當我們能夠按照自己的生理節奏變動規律曲線來安排工作的時候，這些所謂的「閒談」以及電話時間，便可以在工作到疲憊，進行休息的時候來做，這樣，便可以大大提高自己的工作效率，保證工作中的每一分鐘都高效，每一分鐘的工作狀態都是清爽而輕鬆。

總是做些毫無意義的事情嗎？
放下與工作無關的活動和資訊

通訊工具的發達、大量資訊的傳播、組織機構的膨脹與任務訴求的多元化，令我們的工作越發繁重。特別是近幾年來，辦公室白領越來越面臨著永遠無法完成的任務、永遠不能集中的精力和永遠落後於理想預期的績效。

每天早上來到辦公室之後，大堆的文件、郵箱裡滿滿的郵件、響個不停的工作電話、來自上司的指示、各種會議……是不是都讓你無暇分身，甚至搞不清眼下首先要處理的事情是哪些？而哪些又是可以往後拖延幾天的？等你完成這些工作之後，一天的工作也接近尾聲，急需解決的事情、所想要的工作效果，理所當然地沒能按時達成。

我們是否要認真考慮一下，你所做的這些事情真的都是與工作息息相關，非做不可的，而不是毫無意義的嗎？

小王進入公司已經差不多有8個月時間了，每天早上到公司之後，先是從雜亂無章的辦桌上找出自己昨天已經完成的檔和檔案，以及今天需要做的東西，整理完辦公桌的時候，已經過去40分鐘了。然後，公司的電話開始響個不停，小王又開始忙於接電話，詳細記錄每個來訪者的諮詢；同時，上司辦公室也傳來一系列的事情：複印文件、換水、通知會議等等。等小王將這些事情一一完成的時候，已經過了午飯時間。打個盹兒後，下午得工作又紛至沓來。他打開電腦，查詢公司的郵件，等到郵件終於慢慢變少（可總是處理不完），差不多又快到下班時間了。結果，一天下來，該完成的事情還是沒有完成，所以，又得晚上加班……而與之同一個辦公室的孫姐，不僅不需要加班，事情也完成的井井有條，每天都神清氣爽。

小王無奈之下，去向孫姐請教，該如何處理這一大堆無關緊要的雜事瑣事。

孫姐告訴他一個重要的辦公室工作原則：學會請托，放下與工作無關的活動和資訊。比如每天下班前都要把自己桌子上的檔整理清晰——已經完成的、急需完成的、不是很緊急的、可以拖上一拖的，這樣，早上來到辦公室的時候，需要做的事情就一目了然，既節省了時間又避免事情出現紕漏；再如給老闆辦公室換水，完全可以請打工的小弟小妹來做……這樣，屬於自己的時間就多了，工作也做的得心應手，效率大大提高，自然不需要沒日沒夜的加班。

小王恍然大悟，按照孫姐的方法來進行工作，果然效率快多了。工作也做得更加出色，心情也好了起來，整個人都似煥然一新。

在日常的工作中，總有些時候仿佛無頭蒼蠅一般，對著滿桌的檔案和繁雜的工作任務不知所措，從而使得不少工作時間浪費在不必要的事情上，大大降低了工作效率。這就要求我們，每天在進行工作之前，先要搞清楚哪些才是必須要做的事情，而哪些則是毫無意義的事情。這樣，才能提高工作效率，使得日常的工作更加輕鬆。

為什麼總是做些毫無意義的事情？

在職場工作中，我們通常在時間控制中容易陷入下面的陷阱：

1.習慣拖延時間：當個人缺乏進取意識，缺乏對工作和生活的責任感和認真態度時，對於具體的工作，尤其是自己不擅長的事情，就會習慣性地將之往後拖延，而不是立刻想辦法去解決，這就導致了在解決這件事情之前所浪費的時間都是在做毫無意義的事情。

2.不擅處理不速之客和各種無端電話的打擾：根據一項調查，辦公室裡平均每11分鐘就會被打斷，而恢復到工作狀態則需要長達25分鐘。所以，如果不能順利解決上述問題，將耗費我們很多寶貴的時間，理想的做法應該是，工作時不接電話、不看資料、不開郵箱、關緊門窗，這樣可以減少分心和打斷，將當下的節奏和感覺保持得更長。

而在實際中，要保持這種狀態時不可能的，辦公室的打擾無可避免，電話、來訪、郵件等等，甚是無奈。

3.不擅處理各種請托：作為職員，可能很難拒絕來自上級的指示，但若這件事情不在自己的職責範圍之內，即使接手了請托，也不見得就能做的很好，這個時候，合理地拒絕才是明智的選擇。而對於管理者而言，他們經常容易犯下面的錯誤：

●擔心部屬做錯事　　●擔心下屬表現太好

●擔心喪失對下屬的控制；　　●不願意放棄得心應手的工作

●找不到合適的下屬授權。

其實每個人的精力都是有限的，尤其是管理者應當學會授權，將主要的精力和時間放在更重要的事情上。

4.氾濫的「會議病」：不少中、上層管理者曾經指出，會議竟占去他們日常工作的時間的四分之一，甚至三分之一！然而更令他們感到莫名的是，在這麼多的會議時間之中，幾乎有一半是徒勞無功的浪費！

放下與工作無關的活動和資訊

針對如此紛繁複雜的事情，究竟怎樣做才是我們的可取之道呢？我們的策略是將被打擾的時間縮短，放下與工作無關的活動和資訊，將其負面影響減至最少。

1.將郵件處理時間定為每3小時一次，而按照輕重緩急分別處理。

2.縮短接打電話的時間：

●事先的約定與準備　●保持簡短而明確的開場白

●控制通話時間、保持通話主題　●過濾掉無關緊要的電話

3.合理接受請托：我們接受請托之前不妨先問問自己——這種請托是屬於我的職責範圍內嗎？對實現我的目標有助益嗎？如果接受它，將付出什麼代價？如果不接受他，則需承擔什麼後果？經過這一番「成本——效益分析」之後，你就可以決定取捨了。

4.對於基層人員而言，要善於利用資源：學會從相關的部門或人員手中獲取所需的資料，既節約了時間，又保證了資訊的正確性。比如你想瞭解本月度部門考勤資訊，不妨去問問部門秘書；想瞭解公司的考勤資訊，不妨去問問公司的考勤管理員等等。

有計劃、有組織地進行工作

放下與工作無關的活動和資訊，其目的只有一個，就是將時間花在真正重要的事情上，防止一些毫無意義的事情浪費工作中的部分時間，從而減少我們工作的任務量和時間，輕輕鬆松完成一天的工作。因此一定要懂得時間的分配，本著先重後輕、先緊後慢、先急後緩的原則，梳理清楚，有計劃、有組織地進行工作。那麼，該如何有組織有計劃地進行工作呢？主要體現在以下幾個方面：

1.將有關聯的工作進行分類整理；

2.將整理好的各類事務按流程或輕重緩急加以排列；

3.按排列順序進行處理；

4.為制定上述方案需要安排一段時間以規劃之；

5.由於工作能夠有計劃地進行，自然也就能夠看到這些工作應該按什麼次序進行，哪些是可以同時進行的工作。

輕鬆工作，不再加班

《財星》雜誌裡曾寫到：「busyness is the great affliction of job.」（繁忙是工作最大的苦惱）。其實，我們的「苦惱」有許多是因為低效工作帶來的，而低效的一大原因是由於我們沒有根據前面提到的工作環境的變化而調整自己的工作狀態和方法，反而將時間浪費在一些跟工作關係不大或是並沒有很緊急的事情上。比如，職責沒有分清楚，重複做一項不是很重要的工作，例如不停地處理工作郵件；「事必躬親，親力而為」，不論什麼事情，都要自己親自去過問，查探進度；與下屬、上司溝通不良，導致一件事情反反復復修改；被一些計畫外的事情所打斷，不能持續高效的工作。

針對這些問題，在此提出了一系列的建議，相信能夠給予各位處在繁忙繁雜工作中的人們一定的幫助。雖然起初可能沒有太顯著的效果，但是只要堅持下來，相信很快就能以新的方法進入工作狀態，並且大大提高工作效率，從此無需再加班，輕輕鬆鬆工作，並且得到不遜於日夜加班的工作成果。得到上司的賞識也不再是遙遠的夢想！

希望您能通過一點一滴的改進與積累，尋求合適的支點位置，不斷地擴大組織和個人的力量，促使生活品質和工作品質的改善，相信大家都會有一個有意義、充滿快樂的人生！

工作中遺漏了關鍵資訊，總是在反覆溝通？

隨時反問自己重點在哪兒

我們在工作中，是否常常會遇到這樣的情況：某一項工作任務，看上去似乎很簡單很平凡，可是在實施的過程中，卻總是三番五次的出現不同的失誤，或是沒能達到上級所要求的標準，然後針對這一件事情，反反復復來回修改，致使本來一天或是一周就能解決好的事情，卻足足用了十來天甚至大半月。經此一事之後，上司可能對你有所偏見，而自己，也可能覺得工作中的事情似乎比自己想像的要難得多——但事實上，這件事情真的有這麼難嗎？還是你的溝通方式有問題呢？

又或者，在與客戶的交流中，總是粗心大意，愛聽不聽，對於客戶的要求沒有特別加以留意，致使對公司回饋資訊的時候並不知道顧客要求的重點在哪裡，所以客戶對公司的產品和服務態度大有意見，不僅沒有按時按質按量地完成工作交派的任務，而且大大折損了公司的名譽和效益。為了彌補損失，公司不得不派出另外的人員陪同你來將這件事情善後，這不僅浪費了自己的時間，同時也浪費了別人的寶貴時間。

你可能會覺得，這些事情冤枉了自己，因為在這一天的時間中，你也是在勤勤懇懇地努力工作著，至於出現這樣那樣的失誤，只因為自己是新手、或因為工作量太大而自己急於完成，所以總是不可避免的。但是，你若在工作的一開始，便將任務的要求與處理方式以及所需要達到的效果都搞清楚；在拜訪客戶的時候，認真傾聽客戶的要求，對產品性能、價格以及服務方面的期望，然後努力去達到，就不會出現這樣尷尬的事情了吧？

你真的知道自己工作的重點在哪裡，沒有遺漏關鍵資訊嗎？

小張在公司的職務是秘書，因為嘴巴甜人又伶俐，剛進入公司的時候，十分得上司的欣賞，把許多重要工作都交給他去做。漸漸地，時間久了，小張積累的工作任務越來越多，每天都忙的腳不沾地，很多時候，為了節省與上司同事交流溝通的時間，使自己能有更多時間去完成工作，往往沒有等上司將任務交代完畢或是沒有領會任務中的精髓，就急急忙忙跑回去做，結果，自然是沒能完美地完成任務，於是被駁回重做。這次，小張倒是多留了心，特地把自己在工作的過程中出現的問題一一請教，以防再次做錯。本以為這次應該沒問題了，沒想到在事情進行的過程中，自己仍然遇到了不少難題，不知道從何下手去解決，於是，只得再次向上司請示。一件事情做下來，不過大半天的時間，自己卻往上司辦公室跑了七八趟，既浪費了自己的時間，又不停地擾亂上司工作思路，使得上司很是惱火。

有了這次的教訓，再做其他事情的時候，小張總是會集中注意力，認真聽取上司的指示以求一步到位；可是，等到真正去進行工作的時候，仍然有許多關鍵地方搞不清楚，不得不厚著臉皮再次踏進上司辦公室或是去向其他相關部門的同事請教，一遍又一遍地就事項進行溝通。工作進度慢下來不說，同樣也浪費了別人的時間，上司和同事對自己也頗有意見，小張苦惱不已，卻又想不通問題究竟出在哪裡。

而自己辦公室的另一位負責人——已經在公司工作兩年多並且頗得好評的王姐，卻總是能夠跟上司或同事進行一次溝通之後，就完美快速地完成工作任務。小張羨慕不已，在一天下班後，主動向王姐請教。

王姐拿起近幾天小張做的幾個任務看了看，問道：「你知道這個工作，上司交代的重點是哪一部分嗎？」小張一看，這個還不簡單，於是，把上司交代給他的話又重複了一遍。王姐卻搖搖頭，說：「上級交代的事情，自然是希望你能做到十全十美，可是，在時間有限的情況下，你必須要知道，這個任務最核心最關鍵的部分，並且去完成它。比如這個市場調查的報告，上司想要知道的是這個項目的可行性如何以及不可行的原因，至於調查組人員是怎麼做的，花費了多大努力，是沒有必要寫在給上司的彙報中的。」

小張聽君一席話，立刻坐下來反省，在以後的工作中，也逐漸習慣在做事之前先考慮一下該項任務的重點在那裡，在與上司同事交流的時候，也會留心別人說話的核心內容是什麼，漸漸地，小張在進行工作的時候，就不需要一遍一遍地去煩擾上司與同事，往返次數越來越少，上司和同事們也消除了對他的偏見。而小張自己，由於在溝通中節省了不少時間，也使得自己能夠有更多時間認真工作，不再焦頭爛額，而是輕輕鬆松完成一天的任務。

相信大家都會有這樣的疑惑：明明在進行工作之前，自己聽取了上司和相關同事的建議，可是在進行工作的過程中，總是被「卡住」，於是，不得不一次又一次地去跟上司或同事溝通，白白浪費了許多時間，使得原本可以輕鬆完成的工作變得緊張起來，甚至需要加班才能完成。那麼，在溝通的時候，你真的領會到了工作的重點在哪裡嗎？真的沒有遺漏關鍵資訊？而當你真正能夠把握交流中的核心內容時，相信這些問題就不復存在了，我們也不會在工作中一次次做白工。

為什麼會遺漏關鍵資訊

溝通的資訊是包羅萬象的。在溝通中，我們不僅傳遞消息，而且還表達讚賞之情、不快之意，或提出自己的意見觀點。從表面上來看，溝通是一件簡單的事。有的人認為，只要有溝通的意識，主動溝通是水到渠成的事，不需要學習溝通技巧；也有人認為，只要掌握了溝通技巧，溝通其實很簡單。而在實際工作中，存在著許多溝通陷阱，致使我們會遺漏關鍵資訊，從而不得不花費更多時間反覆進行交流，這些陷阱可簡單歸納為以下幾個方面：

1.溝通不是太難的事，我們每天不是都在做溝通嗎↓

如果從表面上來看，溝通是一件簡單的事——但是，一件事情的自然存在，並不表示我們已經將它做得很好。由於溝通是如此「平凡」，以至我們自然而然忽略它的複雜性，也不肯承認自己缺乏這項重要的基本能力了。

2.只要具有溝通意識，主動進行溝通是水到渠成的事↓

無論是在工作中還是在生活中，都可能遇到一些特別自信、能力強、居高臨下的人，他們習慣於扮演教師、權威、家長的角色，喜歡別人依賴他，與這樣的人溝通會產生壓力感，從而給溝通製造了無法逾越的障礙。其實，即使是最懂得溝通的人，也會試圖改進他們的溝通風格和技巧。

3.溝通成功與否，最重要的在於技巧↓

不可過於迷信溝通技巧。在溝通中很重要的是要創造有利於交流的態度和動機，把心敞開，也就是常說的溝通從心開始，學習溝通之後也不能保證日後的人際關係就能暢通無阻，但有效的溝通可以使我們很坦誠的生活，很感性的分享，以人為本位，以人為關懷，在人際互動過程中享受自由、和諧、平等的美好經驗。

4.溝通就是尋求統一→

有效的溝通不是鬥勇鬥智，也不是辯論比賽。

5.溝通就是說服別人→

溝通必須是互相分享，必須是雙向的，要跳出自我立場而進入他人的心境，目的是要瞭解他人，並不是要他人同意，避免墜入「和自己說話」的陷阱，這樣溝通才能有效。

6.面對面的溝通要比書面表達容易有效得多→

事實可能正好相反，正因為面對面溝通太容易了，我們才不會仔細考慮我們要說的話，也就是說，我們要說的話不一定能夠恰如其分地表達我們想要表達的意思。

學會傾聽，善於溝通，保證工作一步到位

1.首先要有良好的態度；

2.要百折不撓，不斷進行溝通；

3.學會提問題和主動表達，確保掌握正確的資訊；

4.強有力的執行力；

5.學會提問題和主動表達，確保掌握正確的資訊；

6.學會換位思考。

溝通中的幾點注意事項

多數人都認為自己是善於傾聽的人。然而研究證明，我們平均只發揮了四分之一的傾聽水準。很多時候我們都認為自己在傾聽。我們似乎相信，因為我們有耳朵，所以我們就在聽，猶如相信因為我們有眼睛所以我們會讀書一樣。諸多我們沒有意識到的有關傾聽的壞毛病妨礙了我們成為我們所自認為的那種傾聽者，比如打斷他人、易受干擾、匆匆定論、做白日夢或陷入厭倦無聊等。取得進步的唯一辦法就是要做一些有意識的改變：

1.不要隨便打斷別人的發言；

2.主動詢問別人的意見和想法；

3.主動告訴別人自己的想法和打算；

4.耐心地傾聽和開誠佈公地討論；

5.善於傾聽，同時也要善於表達。

提高溝通技巧，提高工作效率

英國作家蕭伯納曾說道：「如果你有一個蘋果，我有一個蘋果，彼此交換，那麼每人只有一個蘋果；如果你有一種思想，我有一種思想，彼此交換，每個人就有了兩種、甚至多於兩種思想。」心理學家埃里希．弗洛姆（Erich Fromm）說過：「我們每一個人均有與他人溝通的需要，人類可利用溝通克服孤單隔離之痛苦，我們有與他人分享思想與感情的需要，我們需要被瞭解，也需要瞭解別人。」

溝通的最高指導原則是——沒有不能溝通的事。通過溝通，敵人可以變成朋友，不同的見解，可以變成「各自表述」；有爭執的土地，可以「共同治理」，被割讓的土地，可以物歸原主。這是個溝通的時代。兩國的爭端，不應該只用打仗解決；夫妻離婚，不必破口大罵；今天生意談不攏，明天還可能合作；議會裡水火不容，溝通後可以「共同修法」。只要我們有誠心、有愛心、有耐心，肯讓對方坐上位，肯讓自己先退一步，肯把對方的面子做足，肯在自己底線上有最大的彈性，而且——知道這世界不是全屬於我，也不可能只有我是對的，應該利益共用、團結共榮。

在工作中，我們更應如此，善於傾聽，善於溝通表達，將任務中的核心關鍵資訊都弄清楚，然後再進行工作，既節約了時間，也使得工作效率大大提高。

工作時，情緒會經常波動嗎？
始終保持平穩的樂觀情緒

在工作中，我們經常會出現這樣的情況：某一天的時候，神采奕奕，信心滿滿，對工作充滿了熱情；但是某一天，被許多煩心事所擾，一下子變得消沉抑鬱，對什麼都提不起精神，工作效率自然也就大大降低。心情好了自然看著什麼都順眼，做起什麼事來都順心如意。如果每天都能保持一份好心情，那麼，我們每天都是快樂和充實的。但是，這種理想的狀態在我們的日常生活工作中是很難維持的。

每個人都有情緒低落的時候，每當這個時候，我們就會逃避繁忙的工作和緊急的任務，我們就會為自己找藉口：我心情不好，就算坐在辦公桌前面，也沒有心情進行工作；我家裡或是親戚中有一些事情發生了，很難解決，所以我很煩躁，沒辦法靜下心來認真工作；工作太難，我沒想到解決辦法，所以不太想做；我跟戀人分手了，很傷心，對一切都提不起興趣，更不要說工作了……

但是，這樣的情況明顯對我們的工作不利，連最起碼的對待工作的熱情都沒有，又怎麼談得上高效率呢？那麼，心情不好，情緒波動太大，沒心思工作，這些理由真的不可避免嗎？在你的生活中，真的有如此多出人意表的事件發生，然後覺的你心神不安？這些事情，又真的如你所描述的那般嚴重，從而導致你完全沒有心思進行工作，甚至對其他的一切也都毫無興趣嗎？

其實，遇到這樣的情況，你大可以看看身邊的同事，他們是否也跟你一樣，經常處於這樣的煎熬之中？總是時不時地由於這樣那樣的理由而消極工作甚至曠工呢？如果不是，那麼，你是否要考慮一下，該怎樣讓自己始終保持平穩的樂觀情緒呢？

在工作中你真的始終讓自己保持平穩樂觀的情緒嗎？

小麗自從進入公司以來，勤勤懇懇，從不遲到早退，業務也做的井井有條，待人溫和熱情，不論是上司還是同事都對她讚歎有加，但是，只有一點不好，小麗在工作中經常被一些外部事件影響情緒，輕則一天都毫無精神，工作拖沓；重則幾天都看上去昏昏欲睡，唉聲嘆氣，把工作任務全都堆到一邊，對著高高堆起的文件發呆，卻沒心情去處理，將好幾天的工作任務都延遲下去，也不管該任務有多緊急、該工作有多重要。這日，因為前幾天跟男朋友分手，覺得人生毫無意義，就天天坐在自己的辦公桌前面長吁短嘆，有好幾天沒認真工作了。而眼下，又恰好有一項新的任務被指派給了小麗所在的小組，見到下屬如此，負責該任務的張經理對她頗為不滿。

小組負責人錢組長一直跟小麗關係很要好，看到同事飯碗即將不保，忍不住提醒她。小麗也覺得委屈，她也不是不想做工作，可就是一遇上煩心事，心裡就忍不住憋屈，心情也變得異常糟糕，都恨不得去撞牆了，哪還有心情去做事？

錢組長耐心開導她：大家誰沒有遇上意外的時候，可是，總不能因為一點小小的意外，就把工作給丟了吧？那豈不是雪上加霜？而且，大家遇到的事情，大大小小，也不一定比你少，但是人家依舊在心平靜氣的工作，難道別人就不傷心不難過嗎？可是，再傷心再難過，日子也要過，工作更不能說丟就丟。

小麗想想也是，男朋友沒有了，總不能連工作也丟了吧？於是，下定決心認真工作，可是，效率仍然沒有提高，只得苦著臉向錢組長請教，明明自己已經在認真工作了，為什麼還是沒有效率？錢組長看她一臉的幽怨，說：「你這樣帶著不滿的情緒工作，跟你沒心情工作有什麼兩樣呢？」

小麗這才恍然大悟，慢慢調整自己的心態，將那些亂七八糟的事情排除在工作之外，在工作中始終保持平穩的樂觀情緒。漸漸地，就能快速進入工作狀態，處理業務的時候也更加熱情、有信心，工作效率提高了一大截，張經理也很滿意，在任務完成的時候，還特意表揚了她。

生活中，我們總免不了遇到這樣那樣的意外，但若是讓這些事情一直纏繞心頭的話，我們的工作情緒肯定會受到很大的影響，從而大大影響我們的工作效率，對於一個職場人士來說，這是不好的現象。為了保持在工作中的高效率，我們務必要學會在工作中保持穩定的樂觀情緒。

為什麼在工作中總是會情緒波動太大？

無論你在職場中拼搏了多久，取得多大的成績，總有些時候，會遭遇到各種大大小小的意外事件，而這些意外，很有可能會影響你在工作中的情緒，導致我們的工作漏洞百出，效率低下，甚至延誤重大工程項目等。而使得我們的情緒出現大的波動的原因有哪些呢？

- 愛情、事業受挫。
- 跟同事關係不好。
- 生活環境的改變或是不適應。
- 社會適應性太弱。
- 工作難度過大，而自己又沒有相關經驗，六神無主。
- 性格倔強，容不得別人說三道四或是太計較外界的評論。

良好心態，保證工作效率

人們都希望處於歡樂和幸福之中。然而，生活是錯綜複雜、千變萬化的，並且經常發生禍不單行的事。頻繁而持久地處於掃興、生氣、苦悶和悲哀之中的人必然會有健康問題，甚至減損壽命。那麼，遇到心情不快時，如何保持一份好心情呢？

1. 轉移情緒：遇到煩惱和苦悶，應迅速把注意力轉移到別的方面去。

2. 憧憬未來：經常憧憬美好的未來，才能始終保持奮發進取的精神狀態。不管命運把自己拋向何方，都應該泰然處之。不管現實如何殘酷，都應該始終相信困難即將克服，曙光就在前頭，相信未來會更加美好。

3.向人傾訴：首先可以向朋友傾訴，還可以向親人傾訴，學會把心中的委屈和不快傾訴予他們，也能使心境立即由陰轉晴。

4.拓寬興趣：興趣越廣泛，生活越豐富、越充實、越有活力，你會覺得生活中處處充滿陽光。

5.寬以待人：人與人之間總免不了有這樣或那樣的矛盾事，朋友之間也難免有爭吵、有糾葛。只要不是大的原則問題，應該與人為善，寬大為懷。

6.憶樂忘憂。對那些幸福、美好、快樂的往事要常常回憶，以便在心中泛起層層漣漪，激發人們去開拓未來，而對那些不愉快的事情、諸多的煩惱則儘量要從頭腦中抹掉，切不可讓陰影籠罩心頭，而失去前進的動力。

7.淡泊名利：不要那麼斤斤計較，不要把名利看得那麼重，否則，容易導致心理失衡。

8.經常鍛煉身體、合理飲食、養成良好的生活習慣：這些對於保持一份好心情也是至關重要的。

保持穩定的樂觀情緒應注意的事項

抑制工作中的情緒波動，時刻注意保持自己在工作中的穩定樂觀情緒，是為了更好地工作，更大地提高我們的工作效率，那麼，在保持穩定的樂觀情緒時，我們還應該注意哪些事項呢？

1.和老闆溝通：以積極的態度和你的老闆好好談一談，共同商量如何讓你的工作被執行得更加主次分明、簡潔高效；而且，私下抱怨是毫無用處的，有意見就坦白說出來，即使是暫時的爭吵，也勝過「積怨成山」。

2.忘記「完美主義」：雖然你無法完全掌控自己的工作，但你可以控制好自己的期望值。拋開那些完美主義的念頭，也不要將自己看得過於重要，你需要的是合理安排和做好每一步。

3.不要忽視協作：在同事中發現你的好拍檔，講究團隊協作，一起將工作完成得更出色。

4.改變生活習慣：在工作中將自己的狀態調整到最佳。

每一天都精神煥發，成就自己的事業

積極樂觀的心態並非與生俱來，而是個人性格、經歷與努力等因素共同作用的結果。做為一個自我意識很強的人，我們既然能夠意識到自己的不足，就可以努力改變、通過堅持不懈的努力來達到。

做到每一天在工作中都認真積極、精神煥發，相信不僅可以大大地提高工作效率，將工作提前並且完美地完成，不僅滿足了自己的成就感，而且為自己成就一番事業打下良好的基礎和人脈，相信在職場中能夠自制的人，都能完美地成就自己的事業！

是否想過有可用的工具與資源？

積極地尋找支持，懂得授權

我們經常被各種各樣的工作任務壓身，努力工作了一整天，每時每刻也都在保持著效率，但是，下班之後，仍舊還是有大堆的工作擺在面前，沒有時間去處理。一天8個小時，根本遠遠不夠用。

然後我們就會覺得，這一天的工作實在太忙了，任務量太大了，根本沒有辦法完成。不是我偷懶，也不是我不夠努力，更沒有遲到早退或是將心思花在其他地方……然後，我們就會抱怨，工作太繁重了，時間太少了，老闆太苛刻了等等。但是，這個時候，不妨看看身邊同一等級的同事，他們是否也是為繁雜的工作忙碌不堪，連休息的時間都沒有，如果不是的話，我們就要從自身來考慮一下，手中的這些工作有多少是該親自去處理的？是接打客戶電話？或是市場情況調查分析？

其實，仔細將手中的工作分類一下，就會發現，這些工作中，有很多是自己不擅長或是不在自己職責範圍內的，那麼，這些事情，真的要自己去做嗎？這個時候，我們就要認真考慮一下，這些事情，是否可以授權給合適的人去做呢？作為管理階層尤其要注意「事必躬親」並不是高效的工作方式，有很多事情是不必要自己親自去做的，而是授權給下屬就可以。

在工作中你真的想過利用身邊一切可用的工具與資源並且善於授權嗎？

小強在公司兢兢業業奮鬥了3年之後，終於如願坐上中層管理的職位，本以為可以輕鬆許多，沒想到卻越來越忙了。不僅要承擔作為管理階層的責任，對下屬進行職位和職務劃分以及指派工作，還要接受上司隨時的使喚，就連以前作為普通職員的工作，都時不時地放到他的辦公室來。

新官上任三把火，為了自己的前途，小強沒日沒夜地繼續加班奮鬥，可是，即使每天從早上8點熬到晚上10點甚至12點，工作量絲毫也不見少，檔案處理了一堆又一堆，沒多久，小強就累的爬不起來了。而與此相反的是，比小強早3個月晉升的余主管，手下也是跟自己差不多的小組人員，人家卻是每天按時上下班，幾乎不用加班，工作一樣能按時按質按量地完成。於是，趁余主管來探病的時候，小強忍不住說出了自己的疑問。

余主管說：「有個問題，我很早就想提醒你了：不要每件事情都攬到自己身上，要恰當地利用身邊有效的工具和資源，學會授權。比如複印檔案、發傳真這類的活兒，完全可以交給打工的小林去做。」

小強恍然大悟，開始上班之後，就將手頭的工作分成幾個類別：需要親自去做的、與其他部門合作的、同事可以代勞的、交由下屬去做的。果然，工作時間大大縮短，效率也提了上來，在工作中越發得心應手，並且對工作充滿了熱情和信心，不過一年的時間，再次被提升。

相信大家在工作中也經常會遇到各種各樣的請托和任務，而這其中，有很多是自己不擅長和不在自己職責範圍內的，面對大堆工作，是要接受這些請托呢還是拒絕？對於前者我想大家都不是很樂意，那麼，就要學會合理利用身邊一切有效工具和資源，學會合理地授權，相信這樣，不僅可以融洽上下級以及同事之間的關係，更是大大提高了自己的工作效率。

為什麼要授權呢？

事實上，大多數管理人員都不能恰如其分地授權。其一，完美主義傾向導致認為能夠達到完美標準的只有自己；其二，由於擔心清理爛攤子更費力，於是一開始就自己動手；其三，嫉妒下屬或害怕下屬獨立作業後，自己被超越或被替代；其四，知道該授權，但不知道要怎樣去做。

其實，管理者的首要任務就是通過別人把事情做好，授權是達成管理績效的最佳選擇。敢於授權，意味著學會接受某些不完美。下屬在工作中不可能毫不出錯，管理人員的職責就是修正這些錯誤，訓練下屬進步。任何管理都不是獨角戲，追求的應該是組織整體的「完美」和持續的「完美」。敢於授權，意味著管理者的自信與成長。不要害怕授權，記住：最後做決定的還是你。但是如果不授權，管理者也就永遠無法升遷，因為你造就不了分擔工作的下屬，沒有培養出接班人。

在日常的工作中，總會有各種各樣的事情被授予到自己手中，但是，面對如此紛繁複雜的工作任務，真的要一個一個地親自動手去做嗎？自己不擅長的事情不僅會打斷自己慣有的工作習慣，而且會浪費很多時間，大大降低自己的工作效率。而授權則是節約時間，提高工作效率的有效方法之一。那麼，究竟為什麼要授權呢？我們來總結一下授權究竟有哪些好處：

1.有效授權可以提高工作效率，降低成本：授權是建立在具體的分工基礎上的，有效合理的授權可以讓每個部門都活動起來，積極發揮合適的作用，提高公司整體的效率。

2.有效授權可以培育職工、培養接班人：培育部屬最好的方法，便是讓他們在實踐中獲得足夠的歷練和能力的提升，而授權恰恰是讓部屬得到實踐的最好機會。

3.有效授權可以使員工得到激勵，工作充滿熱情與創造性：合理的授權是對下屬信任和尊重的表現，使得公司充滿和諧的氣氛，營造輕鬆愉快的工作環境。

4.有效授權可以使管理化繁為簡、化忙為閒、化緊張為和諧。

學會授權，將自己的工作時間合理化

合理有效的授權，不僅要清晰瞭解任務的本身，被授權者要有與承擔責任相對等的權利；而且，也要承擔與使用權力相對等的責任。那麼，怎樣才算是合理有效的授權呢？在授權的時候，我們可以遵循以下幾個原則：

1.授權者要充分瞭解被授權者的能力；

2. 授權者在授權後要教導被授權者，讓其明白應該達成的效果；
3. 給予被授權者決策的充分權利；
4. 建立授權的回饋和控制機制；
5. 自上而下、協調一致地授權；
6. 公開授權；
7. 明確被授權者的許可權和範圍。

授權的時候要注意哪些事項？

學習授權從將工作劃分為可測量的單位開始。你可以先對小單位的工作授權，當你和下屬習慣這種授權後，逐漸增加分量。這樣既可以減輕你的工作壓力，也可以讓員工獲得新經驗，不至於負擔過重，又有所提升。選擇適當的授權工作人選，是一種技巧，也是一種藝術。有時該選擇最合適此項任務的人，有時卻偏要選擇在這方面毫無經驗的人，因為企業需要培養人才。有時選擇他是因為對他放心；有時覺得不放心卻選擇他，因為需要考驗。

自然，管理者也不可能把所有責任都授權給員工，如果這樣，公司為什麼還要用你？管理者的責任就是慎重地選擇授權的內容和方式，並確保這些授權的作業都能正確完成我們懂得了在恰當的時候對某些事情進行授權，以此來提高自己的工作效率，並且將公司人員的使用率發揮到最大。但是，僅僅知道授權是不行的，我們還要注意在授權過程中容易出現的一些問題。那麼，在進行授權的時候，究竟還要注意些什麼呢？

1. 對於授權的事情，可以替下屬承擔責任，但是不能替下屬做事；
2. 任何時候，我可以幫你解決問題，但是你的問題仍舊是你的，不能變成我的問題；
3. 不要替已經授權給別人的事情做決定；
4. 授權要目標明確；
5. 授權要責任清晰；
6. 因事設能，因能授權；
7. 相互信任。

善於授權，輕鬆完成任務

企業要想實現戰略目標，實行公司的正規管理，上司者必須得轉變意識、敢於授權、甘於授權。《財星》推崇的「20世紀最佳經理人」傑克．威爾許有一句經典名言：「管得少就是管得好。」乍聽此言，覺得有些不可思議，可是深入細想，便會豁然開朗：管得少並非說明管理的作用被弱化了，而是一種效率管理，可能會產生1000％的效果。同樣，作為職場人員，尤其是管理層人員，我們也要善於授權。

通過有效授權，我們才能將屬於自己的時間全都用到重要的工作上，而不是「鬍子眉毛一把抓」，如此，才能大大提高我們的工作效率，效率提高了，工作才能進行的快，進行的好，才能輕鬆完成每一個任務，才能體現出自己在職業生涯中的成就和作用。

善於授權，做一個合格的員工，一個精明的管理者，成就我們的事業！

總是被臨時事件牽著鼻子走？確認工作是否可以延後處理

我們的日常工作並不是一成不變的，我們所規劃好的日常事務也不是永久的，事實上，我們的計畫經常被打亂，我們正在做的事情也經常會被打斷。因為我們生活在社會中，總是要跟不同的人打交道——這就造成了我們的時間有一部分是被別人決定的，就是那些在工作中經常出現的意外臨時事件。

這些意外出現的臨時事件中，有不少是上級吩咐下來的，於是，大多數時候，我們使迫不及待地先去完成這些事情，然後再回來繼續自己的工作，結果，一天下來，又堆積了不少未完成的工作。對此，我們的理由仍然是：工作量太大了，事情太多了，所以，在8小時內我沒有辦法做完這麼多事情。

但是，真的是工作任務太多，時間太少嗎？這個時候，不妨看看身邊的同事，難道他們沒有被安排臨時事件？難道大家都跟自己一樣，沒日沒夜地加班，依舊沒能完成手中的工作？如果不是，那麼，我們就要從自身來找原因了：這些臨時的事件中，真的是每一件都是很緊急而且很重要，必須要當下去完成的嗎？難道就沒有可以往後拖延處理的？相信大家的答案都是肯定的，那麼，在接手這些臨時事件的時候，我們就要首先確認這些工作，是否是必須急著去完成的還是可以延後處理。

你真的確認過哪些臨時工作是可以延後處理的嗎？

小琳進入公司以來，也有半年的時間了，漸漸熟悉了自己的工作流程和相關業務，於是，被指派的工作也多了起來。又因為辦公桌靠近劉經理辦公室，於是經常在工作中，聽到劉經理在隔壁喊：「小琳，幫我叫櫃檯去拿一份快遞！」、「小琳，幫我沖杯咖啡。」、「小琳……」於是，小琳不得不放下手中的工作，去做劉經理交代下來的臨時任務。這樣，一天下來，自己的工作中不知道被夾雜了多少臨時事件，不僅工作思路一而再再而三地被打斷，而且要花費更多時間再次進入狀態；不僅被臨時事件佔用了不少時間，使得自己手頭的工作沒有時間去完成，而且工作效率大大降低。

在小琳的計畫中，打算週一早晨在辦公室完成一個採購計畫，但週六晚上上司給她打電話說：「小琳，下週一出趟差，搞定XXX專案。」這時候小琳能怎麼辦呢？難道要告訴上司：「對不起，我打算下週一寫採購計畫的，你應該在我上周制定這個計畫的時候通知我！」那麼上司大概會告訴她：「對不起，我的公司不需要你這樣的可憐蟲。」所以，小琳不得不接下去出差的事務，那麼採購計畫的構想便要被延遲，而這件事情本來是決定在下周解決完畢的。小琳煩躁不已。

小琳想起自己同一辦公室的小凡，兩人差不多時間進入公司，最初的時候，也跟自己一樣忙碌，但是，熟悉之後，人家幾乎就沒再加過班，每件事情也完成的井井有條，尤其，他也有跟自己一樣的狀況，時常被上司安排一些臨時事件。於是，小琳決定打電話向他請教。

小凡說：「在接手臨時時間的時候，你有沒有確認過，這些事情，是不是當下必須要去完成的，還是可以往後拖延一段時間的？如果是可以拖延的，那就等到自己手頭的工作告一段落時，再去做也不遲呀。」

小琳似乎有點明白自己忙碌不堪的原因了，於是，按照小凡的提醒，將這幾天接到的臨時事件整理了一下，果然發現有好多事情是可以往後拖延幾天的，而自己當時卻急急忙忙去做了，自然浪費了不少工作時間。

於是，在接下來的工作中，小琳也學乖了，再接到臨時事件的時候，先確認是否需要立即去做，然後根據具體情況來安排事件的進度。果然節約了不少時間，再也不用每天都加班了。

在工作中，總是會遇到這樣那樣的意外突發事件，有些事很緊急需要我們立即著手去做的；當然，必定也有一部分是不緊急的，不需要我們放下手頭的工作去處理，我們就可以往後拖延幾天，等工作告一段落的時候再去處理。這樣，便可以節約來回奔波的時間，也不必擔心工作思路隨時被打斷，效率自然會大大提高。

為什麼要確認工作是否可以延後處理？

遇到臨時事件的時候，若總是想著先去處理該件事情，便會被臨時事件牽著鼻子走，正在進行中的事件被打斷思路不說，進入新的事件狀態也需要一段時間，這樣，便會浪費好多時間，致使緊急的工作任務因為時間不夠而無法完成。所以，在被插入臨時事件的時候，我們必須要先確認該事件是否可以延後處理。那麼，什麼樣的臨時事件需要立即著手去做而什麼樣的事情可以延後處理呢？

1.當臨時突發事件估計完成時間在兩分鐘之內的話，還是應該立即去完成他，比如說：

●打一個回訪電話　●給老闆沖一杯咖啡　●上廁所

●到隔壁辦公室取一份文件　●讓XXX編寫專案計畫

2.我們將臨時事件分為四類：重要而且緊急、重要但是不緊急、不重要但是緊急、不重要而且不緊急。這四類事件中，急需我們去處理的自然是重要而且緊急的臨時事件，不重要但是緊急的事情也需要我們適時放下手頭的工作，先去處理。而剩下的兩類，則是可以拖延處理的。對於不需要立即去處理的事件，就可以把它放進待辦資料夾，繼續手頭的工作。

分清事情的輕重緩急，不再加班

不管是臨時事件還是手頭的工作，我們都必須搞清楚事情的輕重緩急，對於一件事情一定要搞清楚——是要當下立即去處理的，還是可以拖延一段時間再去做也可以。這樣，我們才能將每天8小時的工作時間都花在刀口上，然後，才能保證將每天首先要完成並且必須要完成的工作解決完畢，才不至於臨時抱佛腳，忙的焦頭爛額，卻無法保證工作品質。

因此，我們在處理事務優先次序的依據是「重要程度」和「緊急程度」並舉。所謂重要程度就是指對實現目標的貢獻大小。所謂緊急就是從時間上的緊迫性來說。那麼，如何確定事情的輕重緩急呢？或者說，重要的事情有哪些特點？

1.能否直接為實現目標服務：事情重不重要，是相對目標而言的。

2.能否為實現目標創造條件：有些事情並不能直接對實現目標產生作用，但可以為實現目標創造條件，這些為實現目標創造條件的事件往往凸顯出「重要但不緊迫」的特點。

3.能否為預防危機服務：許多事情與目標並不直接相關聯，只有出現某種危機的局面，這種關聯才產生。

幾點注意事項，提高工作效率

我們分清了工作中各類事件的輕重緩急之後，就可按照這些事件的優先順序來處理，但是在平時的工作中，我們卻可能因按照事情的緊急程度來進行處理，而忽略事情的重要性，舉個例子來說：

所有的主管都承認，業務報告是一件極其重要的事，但若現在距離上交業務報告的時間尚有一個月的話，則一般人大概不會把它視為「今天應該做的事」，更不會把它視為「今天必須做的事」，既然今天可以不做這件事，那麼就可以不斷地拖延下去。直到截止日期的數幾天，他們才如臨大敵般地處理「緊急事件」，結果不是遲交了報告，就是草率應付了事。經過一番掙扎之後，他們可能會信誓旦旦地下決心：下次一定要將業務報告提前準備好！但是除非能夠徹底地改變按「緩急程度」辦事的習慣，否則到了下一次而極有可能重蹈覆轍。

那麼，我們在按照事情的「輕重緩急」來處理的過程中，還應該注意哪些事項呢？

1. 對於不重要但緊迫的事情，可以授權別人去做。做好事先的規劃、準備與預防措施，才不會最後臨時抱佛腳。

2. 對於不重要也不緊迫的事情，可以授權、降低標準或者放棄。

3. 小心「這件事很重要」的錯覺——有些事實際上就算重要，也可能是對別人而言。例如電話、會議、突來的訪客等，不過是在滿足別人的期望與標準。

4. 在考慮行事的先後順序時，應先考慮事情的「輕重」，再考慮事情的「緩急」。

按時完成重要緊急的任務，給自己多一點時間

針對以上情況，總結起來，就是：對於重要又很急的我們一定得馬上做，而且還要認真

做好；對於重要但不急的我們不必在當天做，可以改天找時間慢慢做；而對於不重要但又很急的，我們也要先應付了事，這就是所謂的「排擠」；至於那些不重要又不急的可以不用放在心上，等以後需要時再做。這樣，便可以給自己多留一點時間，對自己的職業規劃或是人生理想多做一些準備，為以後的升職或是創業多做一點基礎。

總是一絲不苟、凡事必究？
過分關注細節反而降低效率

工作中，我們是否會經常在意這樣的事情，對某些員工看不順眼：他穿著不合要求？他工作比較隨意？他總喜歡耳朵裡塞著耳機？他在工作區吃東西？或者，在自己的工作中，做PPT或是專案策劃過程中，總是習慣揪住某一個詞語，希望能夠找到更合適的替代或是更具體的表達，翻字典查詢網路等等，然後就這樣把工作事件浪費掉。

這是個細節盛行的年代，許多頂著細節名號的管理書很是暢銷。不僅是管理者，就連普通公司職員也對細節崇拜有加，摳得很緊，過分關注某一方面。比如管理者對於制度，往往單獨某一項，就能定出許多的條規來。這還不夠，一旦出現些問題，便首先想到制度。如員工守則，裡面規定了多少條，而員工他們做到了多少條；某某在什麼時間違反了某某條等等。

但是，這些對於提高管理者和員工的工作效率真的有幫助嗎？還是說，這些細節本身就是工作效率的障礙？若你也是過分關注細節的人，那麼跟身邊的同事對比一下，誰的工作效率更高一些？又是誰，每天都忙的腳不沾地，焦頭爛額，還要時不時地加班？相信通過對比之後，大家都能對自己的情況有所瞭解。

你在工作中總是一絲不苟、凡事必究嗎？

姍姍是典型的完美主義者，在學校的時候，對自己的學習和作業一絲不苟，每一個步驟都認認真真反覆檢查，生怕出錯，因此，在學習上，她明顯比同學們花費了更多的時間。到了工作中，這個習慣也被帶了過來，對於自己經手的每一份檔案，每一個專案、每一個問題，甚至每一通電話、每一封郵件都認認真真、仔仔細細從頭看到尾，然後再決定處理方法。

剛開始的時候，這個習慣的確給姍姍帶來不少好處，因為花費了大量時間，也精心處理過，每件事情都處理的井井有條，合理恰當，很是得上司的歡心。但是，隨著工作任務的增加，姍姍越來越覺得吃力了，光是客戶電話和各類會議郵件就占去她差不多半個上午的時間，然後開始處理當天的緊急重要事務，往往只是看完幾個文件，就到了下班時間。為了完成當天的任務，不得不繼續加班到深夜。第二天，仍是重複如此的工作程序。長此以往，因休息不夠，每天都埋頭處理工作，精神也漸漸變得萎靡不振，工作中的效率大大降低。

與之形成明顯對比的，是公司同一小組的林璐，明明兩個人每天的工作任務都差不多，人家卻能早早將工作處理完畢，按時下班，週末與同學朋友逛街娛樂，生活過的有聲有色，工作中也總是比自己遙遙領先。

姍姍頗有些不甘心，她的PPT從來沒有自己做的精美，她回覆郵件電話的時候，也總是漫不經心地一副敷衍態度……但是，不可否認的是，這些事情，並沒有影響人家的工作進度，也沒有對工作本身造成什麼不好的影響。

於是，姍姍決定向林璐一樣，改掉事事都追求完美的工作態度，但是，一時半會兒卻又搞不清楚哪些是不必要花費時間去關注的細節，而哪些又是必須要做好的。好在姍姍一向耐得住心，一個月下來，也就慢慢地不再過分關注細節了，而是將大多數時間轉移到重要緊急並且當天急需完成的事情上，果然工作效率大大提高。一段時間過後，就無需再天天加班了，週末也有了屬於自己的娛樂時間。休息充足，精神也變得好了，工作起來更加神采奕奕，得心應手。

「細節決定成敗」，這個說法並不錯。但是有些人，在工作中過分注重細節，往往會起到「過猶不及」的效果。細節的確重要，因此很多人容易沉溺於細節，想要使細節變得更加完美，而在此過程中卻迷失了最初的目標。糾纏於細節，結果是在「折騰」中浪費時間和生命，使工作變得一塌糊塗。所以說，要重視細節，但是不要過分沉溺於細節。

為什麼會過分關注細節呢

現實生活中，我們經常能發現苛求細節、糾纏於細節的人，他們也許在某個細節上做得很好，但他從來就不是一個成功的人士。究其原因，他們的視線只著眼於某個細節，而忽略了全面的發展，因而他們必定不能完成更多的工作。所以對於細節，我們也需要重新審視一下，它會不會影響我們的工作能力？

那麼，細節到底能夠為我們帶來什麼呢？為什麼這麼多人習慣於一絲不苟、凡事必究，甚至養成了過分關注細節的壞習慣呢？

1. 細節可以見微知著，幫助我們察言觀色，辨別形勢；如果我們有經驗，細節足夠幫助我們做出正確的判斷。所以我們會不由自主地過分關注細節，以期見微知著。

2. 細節可以讓我們重視過程：畢竟點成線，線成面。如果沒有點，何成線？沒有線，哪有面？

3. 細節可以用來監控：現實太複雜，我們沒有精力從頭到尾，始終跟隨。通過將某些重要的點建立為里程碑，讓我們投入最小的精力，得到最大的效用。

因為以上這些關注細節可以得到的好處，致使許多職場人士把細節看作是萬能的——但事實並非如此，細節適合那些物化特性比較重，過程化特性比較強的場合：比如生產線管理，軍事化管理等。這些場合一般都有一些共同特點，就是相對來說可變因素少、變化小。即使發生過度細節化管理的情形，也不會導致太壞的影響，頂多是成本上升而已。

但是對於一些人性化比較重、創造性比較重要的場合，就不適合太多的細節化管理。因為對於這些場合來說，有太多的可變因素，每個因素可能變化的範圍也比較大，你很難逐一對他們進行控制。往往是你控制了特性A，特性B又凸顯出來。我們就會陷入一種不斷的迴圈中，直到耗盡所有力量。

養成適當關注細節的習慣

在人性化、創造性比較重要的環境中，如果過分強調細節，反而會導致不良文化的產生。其實，過分細節化的管理扼殺創新性倒還不說，更嚴重的是它還會培養追求表面功夫、拍馬屁文化等現象。因為在這樣的環境中，有太多的因素，根本無法控制。如果強求細節，又如何確認自己的要求被落實？結果只能是直接導致企業文化畸形。所以，我們必須放棄一絲不苟、凡事必究的不良習慣，適當關注細節。

1. 注意關鍵地方，而不是全篇都一絲不苟；
2. 無關緊要的事情一筆帶過，不要單獨抽出時間去處理；
3. 注重結果，不要在過程中花費大量時間；
4. 注重執行，而不是計畫；
5. 培養自我控制的能力，明確哪些事情是的確需要花時間去仔細處理的。

關注細節的幾個注意事項

我們的目標是完成工作，而不應該糾纏於工作中的細節使自己陷入繁雜的瑣事當中。糾纏於對細節的追逐，只會讓我們在細節上徒勞耗費精力，陷入無謂的「折騰」中。我們理應從細節的煩擾中走出來，在工作中以全方位的視角來審視這些細節。那麼，對於細節，我們該如何處理面對呢？

1.培養自我控制的能力，克服浮躁的情緒；不要每件事情都差不多就行，也不要事無巨細，每件事情都從頭到尾一絲不苟地去處理。

2.適當關注細節，並不是不關注細節。

3.要有一種端正的工作態度和敬業的精神。

提高工作效率，輕鬆完成任務

在今天，隨著現代社會分工越來越細和專業化程度越來越高，一個要求精細化管理的生活時代已經來到，很多人都會發出這樣的感慨，未來的競爭主要表現為細節的競爭，細節決定成敗。但是，真的是這樣嗎？通過以上討論，我們發現，過分關注細節反而會降低工作效率，所以，凡事都有一定的限度。

適度關注細節，將時間花費在重要緊急的事情上，輕輕鬆松完成一天的工作任務，大大提高工作效率，無需再加班，有更多屬於自自己的業餘時間來休息娛樂，精神變得更好，工作便也可以更加得心應手。

每天的工作總是留個尾巴？把手錶撥快10分鐘，事事搶在計畫前

即使我們每天都在勤勤懇懇地認真工作著，也總會出現這樣的情況：某一天待到下班的時候，計畫中本應該能夠輕鬆完成的工作，卻剩下一個小尾巴，想要繼續做完呢，時間依舊太晚了；想要留到第二天呢，又怕已經想好的思路會被打斷。

這個時候，我們肯定又會為自己尋找各種各樣的藉口：工作量太大、接待客戶花費了不少時間、被臨時安排了一些事情……真的是如此嗎？可能剩下的這點尾巴，不過只需要十幾分鐘的時間來完成，一天8個小時，相信誰也不能確保分到自己手中的工作恰好在這8小時內完成，沒有多餘也沒有剩餘。況且，我們可以看看周圍的同事，他們是否也每天都會殘留下一點工作，沒有收尾呢？如果不是的話，那我們就要從自身來找原因了。你忙，肯定大家也忙，同在一個公司，不可能你每天的任務都多於其他人。

那麼，為什麼不把你的手錶撥快10分鐘，每天早10分鐘開始工作，每件事情都在計畫前10分鐘開始進行，那麼，在下班前，不是剛好可以完成嗎？

你真的能夠按時完成每天的工作任務嗎？

阿苗已經算是公司的老員工了，業務熟悉、工作能力強，每件事情都安排的井井有條，能夠按時完成工作任務，並且頗得上司滿意。但即使這樣，阿苗也覺得自己的時間不夠用，尤其是每天下班前的最後一個工作，總是需要加班才能順利完成。雖然只是多呆了十幾二十分鐘的時間，但是，阿苗也覺得自己這十幾二十分鐘的工作時間花得有些委屈，很希望有個好辦法能夠在下班前將工作順利搞定。

於是，阿苗嘗試了各種方法，提高自己的工作效率，但是，總是不盡人意，每天的工作時間結束後，還是會留下一點尾巴，想要加班處理完，又覺得不甘心，等到第二日來處理吧，又覺得完全沒必要，十來分鐘就能搞定的小事而已。

偶然的一次機會，在公司的活動中，阿苗認識了公司某部門的負責人趙經理。趙經理是公司近幾年的新晉精英，論工作效率，可算得上是公司數一數二的，阿苗一直對其敬佩不已。相談甚歡之後，阿苗忍不住向趙經理傾訴了自己的這點煩惱，並希望能得到一些建議。趙經理耐心聽完，微微一笑，向阿苗提了一個小小的建議——將你的手錶撥快10分鐘，每天早10分鐘開始工作。

阿苗起初沒抱太大希望，但是鑒於自己也沒有更好的方法，於是按照趙經理的建議，每天都提早10分鐘來到辦公室，然後比往常早10分鐘進入工作狀態，按照自己制定好的計畫，將每件事情的進度都提前了10分鐘。堅持了一段時間之後，突然發現，自己果然能在下班前將工作完完全全地完成了，一點尾巴都沒有留下！

會利用時間的人，他總是走在時間的前面，最終獲得成功；反之，不會利用時間的人，總是羨慕別人的成功，抱怨自己沒有機遇，卻不知機遇早已從自己眼皮下悄悄溜過，只不過沒有抓住罷了。

為什麼要把手錶撥快10分鐘

一天24小時的時間對每個人來說都是公平的，它不會因你的高貴、聰明與富貴而多給一分，也不會因為你的低賤、愚笨和貧窮而少給一秒。但是，在公平的時間面前，會利用與不會利用，結果是大不相同的。君不見，有的人少年得志，一生奇跡不斷；有的人碌碌無為，一生潦倒無績。這固然與每個人的成長環境有關，但歸結起來，仍然與會利用和不會利用時間有著很大的關聯。把手錶撥快10分鐘，將自己的計畫提前10分鐘，可以更好地利用時間，提高工作效率。

1. 10分鐘，可以調整好自己的精神狀態，將工作之前的準備做好；
2. 整理一天的工作頭緒，早10分鐘開始一天的工作，將每個計畫都提前10分鐘；
3. 為計畫中的變動提供解決時間；
4. 為一天的工作留出收尾時間；

5.時間上的寬鬆會讓心情舒展，工作過程中沒有壓力，反而更加得心應手；

6.為發現和處理事故隱患留出時間。

每天早到10分鐘，終結加班收尾

每天提前到達公司可以做一些清潔工作或者籌備一下業務，這樣總比有些上班族每天總是準時9點進公司大門強很多。只有在時間上超越了別人，你才有可能在地位上超越別人。有些重大決策或者合約可能需要馬上決定或者簽署，但正是因為你還有比別人多10分鐘的時間思考，也許失誤概率就很小。在某些危機時刻，有時這10分鐘甚至可能會救你一命。其實這樣做我們並沒有損失任何睡眠時間，而得到的好處確實無窮的，何樂而不為哪！笨鳥應該先飛，可以這樣說，有時候10分鐘就能改變你的一生。

1.早到10分鐘，規劃好自己一天的工作任務；

2.將工作前的準備在工作開始前一一做好；

3.提前10分鐘開始工作；

4.將計畫中的每件事情都依次提前10分鐘；

5.在下班前將計畫的工作完成，並收尾，不留一點殘餘。

將工作提前10分鐘的幾點注意事項

把你的手錶撥快10分鐘，無論做什麼事情，比別人搶先一步，為自己多贏得一點時間來準備。事事搶在計畫前，為自己完美的做好工作留一點預備時間，不久你就會發現，每天的10分鐘，會為你帶來意想不到的高效工作節奏。那麼，將工作提前10分鐘還需要注意哪些事項呢？

1. 充分利用這10分鐘的時間，為工作做準備或是計畫。
2. 將計畫提前10分鐘，並不是說把計畫中所有事情都在計畫時間的前10分鐘開始，而是在預定時間之前將工作的準備工作做好，進程進度安排妥當。
3. 確保事情進度走在計畫之前，而不是單純早10分鐘開始工作。

每天早10分鐘，做時間的主人

如何才能做好工作？關鍵要點就是要充分利用時間、善於利用時間、更要走在時間的前面。把手錶撥快10分鐘，我們就可以走在時間的前面，就可以成為時間的主人。10分鐘，雖然只是短短的600秒，可是我們仔細計算一下，就在這短短的600秒之內，長跑健將能跑幾千米？飛機能飛多少公里？電腦又能運算多少億次？結果將會令我們震驚！

其實，如果我們把手錶撥快10分鐘，做走在時間前面的人，我們就會發現，原來自己可以做許多平常做不到的事情。提前10分鐘發現事故隱患，事故就可以化險為夷；提前10分鐘知道要做的事，就可以比別人提前10分鐘完成工作，站在了別人的前面……為了企業的利益也為了自身的利益，為了給企業帶來榮譽也為了給自己爭光，讓我們每個人都把手錶撥快10分鐘吧，都去做時間的主人，去用心生活、努力工作，那麼，我們也一定能夠「突出重圍」。

你還在埋頭「蠻」幹嗎？
每天總結工作經驗，找出做事竅門

在每天的工作中，我們都兢兢業業，刻苦勤奮，按照制定好的計畫將工作一一完成。但是，相信不少人都遇到過這樣的情況：相同的事情，第一次做的時候，遇到不少困難，但也順利完成了，然而過一段時日，再去做第二次，卻發現第一次做的時候遇到的困難仍然存在，並沒有比第一次輕鬆多少。或者說是，相同類型的事情，做完了這一件，下一次開始的時候依舊諸多困難。

我們每天完成的工作任務固然很多，但是，這麼多的事情中，真的沒有重複或是相似的事件嗎？就算不重複不相似，通過完成這些工作，我們沒有得到一點經驗教訓嗎？答案當然是肯定地，既然有經驗有教訓，那麼，對我們處理以後的工作必然是有所幫助的。只是我們是否真的將這些經驗教訓應用到了工作中，而不是只在埋頭蠻幹嗎？

你真的每天都在總結自己的工作經驗嗎？

小新剛進入公司不久，為了在上司、同事面前留下一個好印象，每天都早到晚退，勤勤懇懇做好自己的工作，雖然累，但是也兢兢業業地認真堅持著。按說這樣的員工應該很得上司歡心，也受同事們歡迎，但是，最近主管對小新卻略微有些不滿意。事情的起因是這樣的：小新剛剛進入公司的時候，曾經跟隨主管實習過一個月的時間，當時主管在做一項關於太陽能電池板的市場調查，遇到了許多困難。因為小新也參與其中，所以對遇到的困難和解決方法瞭若指掌。所以，在公司將新的關於鋰電池的調查專案交給自己小組的時候，主管覺得小新可能是最合適的人選，於是，對小新的該項工作寄予了重大的厚望。但是，小新在進行這個專案工作的時候，幾乎就跟新手一模一樣，基本的調查方法都不知道，還要自己親自來囑託，更別說調查過程中可能遇到的其他更大的難題了，小新連基本的解決邏輯都沒有。

於是，半個月過去了，距離完成期限還有10天左右的時間，小新對專案的後續工作依舊毫無頭緒，主管於是把工作交給了小劉，人家不負重望地在最後的10天時間裡將工作任務圓滿完成。主管的失望小新是知道的，但是，自己也覺得委屈，平時自己都有很認真很勤奮地工作，但是，並不能要求自己事事都精通呀。抱怨是沒有用的，小新思考了一個下午，決定向同事小劉請教。小劉跟自己是同一批進入公司的新人，但是，人家卻能做到自己做不到的事情，有什麼竅門嗎？

小劉還真說了一個小竅門——每天都要抽出幾分鐘的時間對自己的工作進行總結，而不是只知道埋頭蠻幹。小新恍然大悟，怪不得小劉對專案的進行狀態一清二楚呢，原來在實習的時候人家就將工作過程中得到的經驗教訓一一記錄了下來，並做了相關分析。

小新也覺得自己該養成這樣的好習慣，於是，從當天開始，就在每天工作結束的時候，抽出幾分鐘時間對自己一天的工作進行總結。一段時間堅持下來之後，發現工作再次傳到自己手上的時候，幾乎第一眼就能看出工作任務的難度和可能會遇到的問題已經解決的方法。不僅少繞了彎路，大大提高了工作效率，而且將事情處理的很完美，主管也漸漸改變了對小新的偏見，反而越發欣賞他。

「如果我們從來不反思我們的生活，我們的行為，那麼我們的生活其實不是我們自己的，而不過是我們所處時代主流思想的機械反映而已。」——這是古希臘哲人亞里斯多德對於思考重要性的名言。如果不對一天的工作進行總結，也許你總是很忙？但是忙什麼？困難在哪裡，如何改進？哪些是不必要的事情？哪些經驗教訓是可以吸取的？我們都無法有一個清醒的認識，簡單的機械勞動基本上不能提高工作效率。

為什麼要對每天的工作進行經驗總結

當有人問猶太商人：為什麼他們每日看似清閒，而自己卻必須為了生活整天忙個不停。猶太人回答：「因為你們每天用8個小時工作，而我每天只用3小時工作，卻用5個小時思考。」

這恰恰說明了思考在我們工作和生活中扮演的角色。一位著名的企業領導曾經說過：每天抽出10分鐘時間進行一天的總結，對於工作的完成、問題的發現、思維方式的擴展、自身素質的提高等，都有很大的幫助。因此，每天留點時間來思考，思考自己都在做什麼，思考自己做得對不對，思考自己能不能做的更好，都是非常必要的。那麼，思考有什麼好處呢？

1.可以全面地、系統地瞭解以往的工作情況；

2.可以正確認識以往工作中的優缺點；

3.可以明確下一步工作的方向；

4.少走彎路，少犯錯誤，提高工作效益；

5.使零星的、膚淺的、表面的感性認知上升到全面的、系統的、本質的理性認知；

6.尋找出工作和事物發展的規律，從而掌握並運用這些規律；

7.培養勤於思索、善於總結的習慣；

8.提高領導層級的管理水準，培養出更多理論與實踐相結合，具有工作能力的幹部。

每天總結經驗，工作輕鬆又高效

經驗總結是對已經做過的工作進行理性的思考。它要回顧的是過去做了些什麼、如何做的、做得怎麼樣。總結與計畫是相輔相成的，要以計畫為依據，而下次計畫的制定則是在總結經驗的基礎上進行的。因此，寫好一天的工作總結，對我們進行以後的工作大有裨益，那麼，什麼樣的經驗總結才算是好的總結呢？

1.要善於抓重點：所謂重點，是指工作中取得的主要經驗，或發現的主要問題，或探索出來的客觀規律。

2.要寫得有特色：總結經驗是提升自己的重要方法。任何單位或個人在開展工作時都有自己一套不同於別人的方法，經驗體會也各有不同；寫總結時，在個人經驗的基礎上，要認真分析、比較、找出重點，不要停留在一般性的結論上。

3.要注意觀點與經驗統一：總結中的經驗體會是從實際工作中，也就是從大量事實材料中提煉出來的。

4.語言要準確、簡明：總結的文字要做到判斷明確，就必須用詞準確，用例確鑿，評斷不含糊。簡明則是要求在闡述觀點時，做到概括與具體相結合，要言不繁，切忌籠統、累贅，做到文字樸實，簡潔明瞭。

幾點關鍵，寫好經驗總結

有人說過：要總結寫得好，必須總結作得好；要總結作得好，必須工作做得好。這應該是寫總結的經驗之談。好的總結是在做好總結工作的基礎上寫出來的。總結過程中能量化的要量化，把定性分析和定量分析結合起來考察，從客觀事實出發，防止感情用事，以免總結流於形式。此外，做好總結還要注意以下幾點：

1. 重視調查研究，熟悉情況；
2. 熱愛工作，熟悉業務；
3. 堅持實事求是的原則；
4. 重點在打經驗，找規律。

每天得到一點經驗，職場無難事

在很多時候，完成一天的工作之後，我們都會疏於總結，工作之後也容易忘記思考。因為大家每天都有很多的工作和任務要去完成，不停的去工作，總以為做完了這件事情就可以稍微休息了；結果都錯了，一件事情還沒完成時另外一件事情又來了。到了下班時間，以為可以思考一下了，卻又發現有很多瑣事要做；完成瑣事之後，感覺已經筋疲力盡了，沒有力氣再去思考了。激情和想法就是這樣被一天天磨滅的，我們也是以這樣方式一天天的重複工作。

孰不知，我們的疏忽、思考的懶惰，讓很多問題都依然存在著，很多靈感的種子都得不到發芽的機會，很多自我提升的機會都被扼殺在搖籃之中，所有這些，在很大程度上是我們沒有很好的總結，認真的思考。

正是基於此，我們有必要每天抽出一點時間把當天所做的工作進行簡短總結，思考哪些是新的、哪些是以前做過的——曾經做過的工作能否總結經驗加以改進；新的工作是否已經有了開展的方法，繁瑣的工作是不是能統籌起來做……如此等等。我們有理由相信，每天的一小結，將是築起你成功堡壘的一塊塊磚頭，日積月累，高效有序的工作狀態將讓你輕鬆自在。等大多數種類的工作都成為經歷之後，我們便可以得心應手地應付每一類事件，職場中再無難事。

第二課 時間管理工具

時間管理其實就是一種投資，和其他投資一樣，目的應該是充分利用時間來創造最大的價值。當然，時間這項資本有它自己的一些特性：

1.供給毫無彈性：時間的供給量是固定不變的，在任何情況下都不會增加，也不會減少，每天都是24小時。

2.無法蓄積：時間無法像人力、財力、物力和技術那樣被積蓄儲藏。不論願不願意，我們都必須消費時間。

3.無法取代：任何一項活動都有賴於時間的堆砌，這就是說，時間是任何活動所不可缺少的基本資源。因此，時間是無法取代的。

4.無法失而復得：時間無法像物品一樣失而復得。它一旦喪失，就會永遠喪失。花費了金錢，尚可賺回，但要是揮霍了時間，任何人都無力挽回。

所以，我們要最大限度地學會利用時間，時間管理工具就是幫助我們更有效地利用時間，在日常事務中執著並有目標地應用可靠的工作技巧，引導並安排管理自己及個人的生活，合理有效地利用可以支配的時間。

我的個人時間清單怎麼製作？

GTD時間管理概念

在我們的日常工作中，經常會遇到這樣的情況：面前的工作一大堆，並且有好幾個都是緊急並且重要的，需要立即去做，而且必須完成到一定的標準。這時候，我們是否會手忙腳亂，不知道從何下手？或是，每一件事情都同時進行，因為心念著另一件事情而不能把手邊的事做完就去執行另一件？結果，一天下來，有可能一件事情都沒能完整地結束。

這時候，我們不妨來為自己的時間做個個人清單，運用某些時間管理工具，提高一下自己的工作效率。GTD（Getting Things Dons）就是時間管理的工具之一。GTD的核心理念在於，把心中想到的所有事情都放到Inbox中，並用一定的方法把Inbox中的事物處理並歸類，讓腦袋裡只裝一件事，這樣才能心無掛念，全力以赴地做好工作，提高效率，達到無壓狀態。

人的記憶力和注意力集中是有時間限制的，沒辦法同時記住很多事情，做很多事情。這種情況下就要學會GTD時間管理的概念，有取捨、有條理，把有限的資源進行合理的分配，每次只做一件事情。

你真的有GTD時間管理概念嗎？

小張進入公司已經有5個月的時間了，一直表現良好，對工作認真負責，勤勤懇懇，從不遲到早退，努力堅持著「一分耕耘，一分收穫」的信條。但是，自從進入公司以來，直到現在，小張的工作效率似乎就沒有太大的改善。每天依舊是大堆的檔案和需要解決的事務擺在面前，從早到晚，孜孜不倦地處理；可是，一天下來，真正處理好的卻沒有幾件。因為，這些檔案和事務中有很多是小張自己沒有經驗，一時拿不定主意的；也有一部分事件，是因為目前的資料不足，所以暫時沒有辦法下結論；還有一部分，是必須上級過目之後才可以敲定方案的，這一部分，小張也只是看過幾眼，流覽後就放到待辦資料夾裡——結果，一天下來，幾乎每件事情都摸到了，完完整整完成的卻不過兩三件。第二天，在昨天的工作量地基礎上，又加了跟昨天差不多的事情，而按照小張的習慣，完整明確地結尾的又是只有兩三件無關緊要的事情而已；然後，第三天也是如此……長此以往，堆積的事情越來越多，小張自己也無法記得那些事情是馬上就需要完成的，而哪些則可以繼續拖延幾天。

到最後，當上級需要某一件事情的工作報告的時候，才發現這件事情自己壓根兒沒有來得及處理，於是，開始找資料、向同事詢問，急急忙忙趕出一份報告，結果，自然是不合格的。耽誤了工作，上級不滿意，自己也心有餘悸、神思不安，工作效率大大降低。經過此次事件，小張覺得自己這種工作方式實在不盡人意。於是，向自己所在專案小組的前輩——劉組長請教。

聽說了小張的問題之後，劉組長向他提了一個建議——每次只做一件事情。把手頭的工作徹徹底底認認真真地完成以後，再去考慮處理其他的事務，不要每件事情都只做一點，遇到難關就跑去做其他的事情，這樣，不僅浪費了時間，而且每一件事情都沒有做好。小張恍然大悟，按照劉組長的意見去進行後面的工作，將當天最緊急最重要的事情，一件一件地去處理，遇到自己拿不定主意的，就去向同事諮詢，或是向上級請示，直到把這件工作完成，才去看下一個工作任務的內容。就這樣堅持了一段時間，他發現自己的工作量大大減少，工作效率也有了極大提高。由於能夠提前且完美地完成工作，上司對小張的工作也越來越滿意。

在公司沒有不忙的。你會發現每天MSN要閃爍幾十個對話方塊是再正常不過的事情；可能你正好在寫一個PPT，同時上級要求今天必須寄出一封郵件，剛在醞釀的時候突然還會有人來電催你開會，離開時剛好還有個同事請求幫忙找出資料——每天周而復始，逢人便說忙似乎成了流行的口頭禪。你會發現，時間永遠也不夠用，每天永遠都有著「做不完」的事情。那麼，不妨來試試時間管理的方法論：GTD。

為什麼要有GTD時間管理概念

試著學習去把自己每天要做的事情寫在一張紙上，標上優先順序，然後選擇一個自己感興趣的，或者已經準備得比較充分的來做。做完一件，在紙上劃掉一件，做完一件，劃掉一件……這樣就總是能保持一個旺盛的鬥志，因為你親眼看著你的任務在一件一件地被消滅，正在不斷地接近成功。傷其九指不如斷其一指，與其每件事都做到一半，不如將每件事情完全做完，這樣做起事來更開心，更有成就感。當我們排除了干擾，腦袋裡只剩下一件事的時候，我們會有更好的邏輯思維和創造力，這樣我們不難得到更好的結果。而GTD的方法，正是幫助我們解決掉事情老是縈繞心頭的感覺，減少甚至是消除焦慮，真正的做到「無壓工作」，輕輕鬆松完成每一項工作任務：

1. 確切地認定它們的預期結果是什麼；

2. 決定你下一步的具體行動到底是什麼；

3. 把後果和即將採取行動的提示資訊置入習慣的載體中。

輕鬆幾步驟，高效時間管理

GTD的五個核心原則是：收集、整理、組織、回顧、執行。

1. 收集：把任務從大腦裡清出來，形成待辦列表。其流程為：整理腦中任務並出清——填入收集的載體中——準備下一步的處理。

2. 整理：整理待辦任務、分類任務。

- 把Inbox內的任務，處理完一件任務就打一個勾。
- 如果任何一項工作需要做，如果花的時間少於2分鐘就馬上去執行；或者委託別人完成、或者將其延期。

●否則就把它存檔或刪除、或是為它定義合適的目標與情境，以便下一步執行。

3.組織：建立「等待處理」、「將來處理」、「專案」清單。

●等待處理清單主要是記錄那些委派他人去做的工作，比如有封郵件問這件事有誰負責，可轉交處理，如果你是主管，可安排下屬去做。

●將來處理清單則是記錄延遲處理且沒有具體的完成日期的未來計畫等等。

●專案清單則是具體的下一步工作。而且如果一個任務涉及到多步驟的工作，那麼需要將其細化成具體的專案。一般認為不能在2分鐘鐘內完成的、需要一系列動作來進行的任務叫作「專案」。

4.回顧：按日回顧、周回顧、月回顧來總結GTD系統。

●回顧自己在過去一周或一月取得的進步，制定下一周或下一月的計畫。

5.執行：Do it! 沒什麼好說的！集中精神執行。

GTD時間管理中的注意事項

GTD的核心思想是將你的所有的「工作」都從大腦中請出來，放在一個外部的系統中統一的組織和管理，讓你的大腦專心的做思考工作，而不是記憶雜事。打個比方，GTD系統就是你的私人秘書，她幫你安排好你的工作；而你相當於企業的CEO，專心思考公司的戰略。那麼，在GTD時間管理中，還需要注意哪些事項呢？

1.完整地收集，做到一件都不漏；
2.弄清楚工作是為了什麼；
3.判斷下一步的行動是什麼；
4.將事情合理分類，準確執行；
5. Do it now!

學會GTD時間管理，享受生活

GTD時間管理的好處是可以推動你每天持久專注、高效地工作；而高效為你帶來的好處是更多可以自由支配的時間與財富，讓你去享受生活，並且獲得成就感與滿足感；如此好的體驗會讓你產生更多對工作與生活的激情，再去更專注、更高效地表現。

讓每天的工作成為一種樂趣，找出你工作的激情，將激情轉化為每一天的動力，推動你快速、高品質地完成工作，獲得更大的成就與滿足感，以及更多可自由支配的時間與財富。有了更多可自由支配的時間與財富，你就可以安排做自己喜歡的事，每天享受生命。

20％的時間真能完成80％的任務？

帕累托最優原則

我們每天都會面對工作中的大堆事件無所適從，即使事前做了完整的計畫，即使知道哪個是最緊急且重要的，並且一上班就著手進行，可是由於種種原因，經常沒有辦法按時完成。這時，你有沒有為自己找一下原因？是因為計畫做得不夠詳細？還是因為事情的緊急重要程度安排的不夠妥當？或者是因為工作過程中因為某個問題浪費了太多時間？抑或是其他拖延了工作進度的原因？那麼，又是因為什麼致使我們效率變得低下了呢？

在日常的工作中，相信我們大概每個人都曾經遇到過這樣的情況：在一天的某個時間段裡，精神狀態很好，思如泉湧，而且沒有外界的打擾、也沒有臨時事件發生，一心沉浸在自己最想要做的事情裡；從而，在這一段時間內，效率大大提高，幾乎能夠完成一天中的大部分工作。若是沒能好好利用這段時間的話，自然工作任務也就難以完成了。這個原則，就是常說的帕累托最優原則：20％的關鍵時間能夠完成80％的任務。

帕累托最優原則是說在任何一組東西之中，最重要的通常只占其中的一小部分。這項原則有時候又稱做「重要的少數」、「微不足道的多數」，「或80對20定律」。這個法則的主張是：團體中的重要部分，是由全體中的一小部分比例所組成的。

你真的有效利用了帕累托最優原則嗎？

小安自從進入公司以來，經過2個月左右的適應期，對自己的業務和工作流程熟悉了以後，工作效率在同一批的同事裡面，一直領先不少。因為小安自始至終都有一個好習慣：就是每天都對自己一天的工作做一個小的簡單的計畫，然後按照計畫來展開一天的工作。這樣，每時每刻都對自己的工作心中有數，能在規定的時間內完成。但是，自從上月升職為小組長之後，除了專案或是市場調查的相關組織報告要負責之外，每天的瑣碎事情也多了起來，小安漸漸覺得吃力，即使事先做好的計畫，也總無法按時去執行，時不時被打斷，然後去處理臨時插進來的重要緊急事件，不僅浪費了好多時間，而且，再回復工作的時候，狀態顯然大不如一開始的時候，一天下來，完成的工作任務比以前大大減少。甚至好多時候，都要加班或者犧牲週末時間才能完成一周積攢下來的任務。

但是，小安同時也注意到比自己早一段時間升遷的李組長，明明人家手裡的任務和小組成員都比自己要多，每天需要處理的各種瑣碎的事情也比自己多，但是，他卻很少見到李組長晚上或是週末在那裡拼命加班。於是，找了個合適的機會，小安向李組長主動請教。李組長聽說了臨安的情況之後，向他提出了一個建議——帕累托最優原則。小安抱著試試看的態度，將自己的每日計畫做了些微改變，在自己一天中效率最高的那段時間裡，專心處理重要且緊急的事情，差不多花費1.5—2小時的時間，然後再跟組員交流溝通，處理臨時事務或是接待訪客、接聽客戶電話等等瑣碎小事。

堅持了一段時間之後，果然發現自己在精神狀態最佳且避免外界打擾的2個小時內便可以處理完當天的重要緊急工作，工作效率大大提高。

眾所周知，人的時間和精力是有限的，經常有些人覺得工作愈忙愈好，但是忙著瑣碎的事和忙著正事，這中間有很大的差別。即使是同樣花時間工作，其一分一秒的價值卻完全不同。因此，當你面臨很多工作，而不知如何著手時，就應該記著帕累托原則。你要問你自己哪些事項真正是重要的，就不會偏離首要工作而去做次要工作。

20％的時間真能完成80％的任務

我們常常持有一種穩定而片面的認識，認為事情的因果會有一個絕對相等的聯繫。也時常會有這樣的假設：相等的原因或投入，會造成同等的結果及產出——當然，我們不能否定有時候的確如此；但正是這種根植人心的常規認識，危害了我們的事業和生活，成了發展的桎梏，影響我們迅速達到成功目標。就像在我們的日常工作中，看似繁重的工作，其實只有一小部分是主要且緊急的，急需我們認真去處理，而剩下的大多數，則是可以拖一拖，或是完全不需要理會的。那麼，把這些工作集中某一個高效的時間段，相信在這個時段內要完成這幾件任務，應該很輕鬆的。也就是說，我們完全可以用20％的時間來完成80％的工作任務。

那麼，帕累托最優原則有什麼好處呢？

1.打破常規認識，最重要的往往只占少數；

2.用最少的努力，去獲得最大的價值；

3.在少數事情上追求卓越，不必事事都有好的表現；

4.清楚的界定目標並且有強烈地想要達成目標的欲望。

帕累托最優原則，創造高效生活

帕累托原則有助於應付一長串有待完成的工作。面對著一長串工作，看起來常常是不可能一一完成，我們難免心存畏懼，於是大多數人在還沒有做之前就感到洩氣，或者先做最容易的。但是如果我們知道只要做到表中兩三項，就可以獲得最大的好處，那就會對我們人有幫助。因此，列出這兩三項，各花上一段時間集中精力把它們完成。不要因為沒有把表中所有工作全部完成而感到不舒服。如果你所決定的優先次序是正確的，那麼最大的好處，已經由你所選擇去做的兩三項中獲得。那麼，該如何使用帕累托最優原則進行工作安排呢？

1.明確態度、再排定先後順序，訂出遠期和近期目標。

2.重新審視工作時間表，分出事情的輕重緩急，要毫不留情的拋棄低價值的活動；永遠先做最重要的事情。

3.核心理念：人類社會20％的資源，與80％的資源活動有關。

4.應用要決：要事第一，重要產品第一，關鍵人物第一，核心環節第一。

幾點注意事項，輕鬆完成工作

帕累托最優原則可以幫助我們改善工作中的一系列問題，大大提升工作效率，在今後的工作中，我們總不可避免會經常使用到。但是，帕累托定律，是讓人們去利用的普遍現象，並非提供給人們去模仿的成功法則。那麼，當使用原則安排工作的時候，還要注意哪些事項呢？

1.抓住主要矛盾。

2.尋找生命中的20％，讓它結出最甜美的果實。上帝和整個宇宙玩棋子，但這些棋子被動了手腳。我們要去瞭解它是如何被動手腳的，我們又應該如何對付，以達到自己的目的。

3.在日常生活中，找人來負責一些事務，我們可以讓園藝師、汽車工人、裝潢師和其他專業人士來發揮最大的效益，不需事必躬親。

4.從生活的深層去探索，找出那些關鍵的20％，以達到80％的好處。

5.平靜，少做一些，鎖定少數能以80／20法則完成的目標，不必苦苦追求所有機會。

善於利用帕累托最優原則，從工作中得到樂趣

帕累托最優法則能增進企業的效率，使企業的收益增加；幫助個人和企業在最少的時間內，獲得更多的利潤；使每個人的生活更有效率、更快樂；它還是企業降低服務成本、提升服務品質的關鍵……

實際上，在這個世界中，那些所謂看起來不怎麼努力但卻獲得成功的人，與其說是他們在別人看不見的時候下了工夫，倒不如說是當別人在偏離要點以外的80％的部分上下工夫的時候，他們卻在為抓住的20％的那一部分要點努力著。

工作有無成果不在於自己工作時間有多長，而在於自己工作是否有效率，附加價值有多高。80／20法則主張：應該用最少的工作換得最多的價值；工作的質比量重要；切不可在不對頭的事上認真。

每一個人都應當從工作中得到樂趣。工作的樂趣如健康一樣珍貴，比名與利更難得到，而如果我們善於利用帕累托最優原則，這一切將會成為現實！「一份耕耘，多分收穫」也不再是夢想，讓自己的生活和事業有一個全新的開始！

緊急事件優先，還是重要事件優先？

時間管理四象限圖

工作中，是否經常會遭遇這樣的事情：資料夾上有一大堆待辦事項，看看這個，新一期的專案策劃，很重要，需要儘快處理；翻翻那個，這周的工作報告，很緊急，也需要儘快寫完……這個時候，你是否又會慌亂無措，不知道該從何下手呢？或者，乾脆從待辦事項單的第一項開始做起，一天下來，明天就要檢視的工作依舊沒能完成。

我們急需完成的事件不外乎兩種——重要的和緊急的——那麼，在時間不是很寬裕的情況下，我們究竟該去做哪一種呢？若是先做重要的，那麼，可能緊急的事情就沒辦法完成；若是先做緊急的，那麼重要事件的時間就不闊綽了。這時候是否又要為自己找些老藉口了：工作太多，時間不夠，所以，不論先做哪一件，到時候都沒法完成全部的工作任務，一樣還是要加班，犧牲睡眠時間來完成工作任務。

那麼，不妨看看自己身邊的同事，他們是否也跟自己一樣，每一天都餘下幾件重要工作，然後利用晚上的休息時間來加班？如果不是的話，那麼，又是在時間管理利用的哪個環節中出了差錯呢？為什麼我們不能像別人一樣，按時並且輕鬆地完成一天的工作任務呢？

你真的能夠合理安排緊急或是重要事件的處理順序嗎？

小王在大學的時候，是班裡數一數二的優等生，不僅成績優異，而且成熟穩重，很多時候都是老師的得力助手，甚至在學校實驗室購買器材的時候，曾經有幸參與過招標方案的策劃。可以說，在未進入社會之前，小王就積累了相當的工作實戰經驗，本以為進入職場可以比別人更快一步，更輕鬆一些。但是，真正步入社會，尤其是實習期結束正式成為公司一員來參與工作的進展之後，小王就顯得力不從心了。上司很是器重明星大學畢業，且積極認真的小王，於是寄予厚望地派了不少任務給他，其中有不少在時間上都很緊急，同時也有不少是牽扯到公司利益的相關任務。小王經常被這些事情搞得不知如何是好，因為急於交差，又怕自己做不好，經常在工作的最後期限，才加班勉強完成。品質自然就不用說了，肯定不會很好。

小王也知道上司對自己略微有些失望了，雖然還是把任務交派給自己，但是明顯沒有再流露出期望的神色。小王很焦急，他可不想還不到一年的時間就被Fire，毀了自己大好的前程。通過幾天時間的觀察，他發現企劃組的余副組長，工作效率遠遠大於其他人，雖然不怎麼見於副組長加班，但是，每次人家都能把工作做的很完美，在每週的例會上，都會聽到經理對他的讚揚。於是，小王決定向余副組長請教，該按什麼樣的順序來處理自己面前這些或者重要或者緊急的事務。

余副組長聽小王敘述完自己的苦惱，微微一笑，向他提了一個建議——將每日的事情分為四個象限：重要且緊急的（第一象限），重要但是不緊急的（第二象限），不重要但是緊急的（第三象限），不重要也不緊急的（第四象限），然後按照四個象限的重要程度來安排一天的工作。小王恍然大悟，按照余副組長提供的方法來進行工作，果然，慢慢地，不僅效率提高了，而且，對於每一件工作任務的期限時間和完成時刻把握的恰到好處。不僅自己的工作時間減少，不再需要沒日沒夜地加班，上司也對小王刮目相看，更加器重這個新來的年輕人，寄予更高的厚望。

我們認為：處理事情優先次序的判斷依據是事情的「重要程度」。所謂「重要程度」，即指對實現目標的貢獻程度。但是，雖然有以上的理由，我們也不應全面否定按事情「緩急程度」辦事的習慣，只是需要強調的是，在考慮行事的先後順序時，應先考慮事情的「輕重」，再考慮事情的「緩急」——也就是我們通常採用的「時間管理四象限法」。

為什麼要學會時間管理四象限圖

不妨來回顧一下，我們平時是按照什麼喜好來安排自己的工作的？

1. 先做喜歡做的事，然後再做不喜歡做的事；
2. 先做熟悉的事，然後再做不熟悉的事；
3. 先做容易的做，然後再做難做的事；
4. 先做只需花費少量時間即可做好的事，然後再做需要花費大量時間才能做好的事；
5. 先處理資料齊全的事，然後再處理資料不全的事；
6. 先做已排定時間的事，然後再做未經排定時間的事；
7. 先做經過籌畫的事，然後再做未經籌畫的事；
8. 先做別人的事，然後再做自己的事；
9. 先做緊迫的事，然後再做不緊要的事；
10. 先做有趣的事，再做枯燥的事；
11. 先做易於完成的事或易於告一段落的事，然後再做難以完成的事或難以告一段落的事；

12. 先做與自己關係密切或利害關係的人所拜託的事，然後再其他人所拜託的事；
13. 先做已發生的事，後做未發生的事。

……

以上的各種行事準則，從一定程度上來說大致都不符合有效時間管理的要求。我們既然是以目標的實現為導向，那麼在一系列以實現目標為依據的待辦事項中，到底哪些應該先著手處理，哪些可以延後處理，哪些甚至不予處理？一般認為是按照事情的緊急程度來判斷：假如愈是緊迫的事，其重要性愈高；愈不緊迫的事，其重要性愈低。但若依循上面的判斷規則，在多數情況下，愈是重要的事偏偏不緊迫。所以，為了提高工作效率，我們要熟練運用「時間管理四象限法」。

熟悉各象限，熟練應用四象限法

要想熟練應用四象限法，首先就要對四個象限的範圍有所瞭解，那麼四個象限各包括我們日常工作中的哪些事情呢？

1. 第一象限是重要又急迫的事：諸如應付難纏的客戶、準時完成工作、住院開刀等等。該象限的本質是缺乏有效的工作計畫，導致本處於「重要但不緊急」第二象限的事情轉變過來的，這也是傳統思維狀態下上班族的通常狀況，就是「忙」。

2.第二象限是重要但不緊急的事：主要是與生活品質有關，包括長期的規劃、問題的發掘與預防、參加培訓、向上級提出問題處理的建議等等事項。這更是傳統低效工作者與高效卓越工作者的重要區別標誌，建議把80%的精力投入到該象限的工作，以使第一象限的「急」事無限變少，不再瞎「忙」。

3.第三象限是緊急但不重要的事：電話、會議、突來訪客都屬於這一類。表面看似第一象限，因為迫切的呼聲會讓我們產生「這件事很重要」的錯覺——實際上就算重要也是對別人而言。我們花很多時間在這個裡面打轉，自以為是在第一象限，其實不過是在滿足別人的期望與標準。

4.第四象限屬於不緊急也不重要的事：閱讀令人上癮的無聊小說、毫無內容的電視節目、辦公室聊天等。簡而言之就是浪費生命，所以根本不值得花半點時間在這個象限。

現在你不妨回顧一下上周的生活與工作，你在哪個象限花的時間最多？請注意，在劃分第一和第三象限時要特別小心，急迫的事很容易被誤認為重要的事。其實二者的區別就在於這件事是否有助於完成某種重要的目標，如果答案是否定的，便應歸入第三象限。

幾點關鍵，掌握新的時間管理工具

若你還是天天在忙，並且忙得不得要領，不妨停下來，利用十幾分鐘的時間來認真領會時間管理的四象限工作法，它會讓你的工作變得高效，工作不再是負擔。成就高效的卓越工作者就在於實踐時間管理的四象限工作法。那麼，在實踐四象限法的過程中，還需要注意些什麼呢？

1.重要緊急的事：馬上做，例如處理客戶投訴、處理伺服器故障等突發性問題，儘量以最短最快的時間內完成這些事情。

2.重要而不緊急的事：這類事情的效益是中長期的，提出時間管理四象限工作法的科維認為，重點是把主要的精力和時間集中地放在處理重要但不緊急的工作上。

3.緊急但不重要的事：要學會說「不」。一個人的時間和精力是有限的，對於自己不重要的事情，能不做就不做，想辦法將事情推托給其它部門，拒絕或推托工作要講究技巧，不要直截了當，要委婉，用讓上級覺得確實是合理的理由來拒絕這個新增派的任務。

4.對於不重要也不緊急的事：儘量不去做。如果確實需要做，那麼要嚴格限定時間。比如更新臉書粉絲頁面，限定一個小時，時間一到就立刻停止作業。千萬不要被無聊的人和無關重要的事纏住。

5.有良好的大局觀，能清醒地認識現在的狀況，並對其進行評估。

6.要照顧到周圍的情況，使自己的時間表不至於出現很大的漏洞。

7.良好的靈活性，預留出機動時間。這對於一些時間長度不是那麼確定的工作來說更為重要，困難也大很多；不過做到的話就能強化執行力並能定期反思。

合理安排重要緊急事情，靜待升職加薪

在這個自主承擔責任而又以業績說話的時代，常常覺得時間不夠用，常常把「時光如流水」、「時間就是金錢」掛在嘴邊，等到真正體會到而又充滿緊迫感時，又不知道如何去管理、利用時間，常常忙忙碌碌卻是碌碌無為的結局，常常玩樂閒逛但似乎又並沒有多開心，留下地只是空虛，這是因為我們不懂得合理管理時間！在瞭解了時間管理四象限法則之後，只要我們把精力主要放在重要但不緊急的事件處理上，合理安排時間，我們就能做到自己的長遠規劃，工作效率就會大幅提升，一段時間過後，等待你的就會是升職和加薪。

30秒時間你能表達多少？

麥肯錫30秒電梯間訓練

現在人們似乎習慣了把事情想得複雜，以為複雜才顯得有技術水準，複雜才顯得自己才能有多高。但是這樣慣性的複雜，更多的只是一種一廂情願，而不是從客戶角度來考慮讓複雜變得簡單。相信在工作中，我們也經常會做這樣的蠢事：把一份報告寫的天花亂墜，足足有十五頁；向上司彙報工作進度的時候，常常花費半個多小時甚至一個小時；會議中，向大家介紹某個專案的時候，拖拖拉拉好幾十分鐘才說完……在做這些的過程中，浪費了許多時間不說，上司對你的態度又是如何呢？是津津有味地在聽你胡扯漫談，還是緊皺了眉頭，表

示對此很不滿意？相信肯定是後者。

不要再為自己找些亂七八糟的理由：這件事情很複雜，一時半會兒根本說不清楚；任務中的重點難點很多，這些都需要一一彙報；這周我做了很多個事，每一件都至關重要，都要詳細寫在工作報告裡，所以篇幅很長……這時候，不妨看看身邊的同事，他們也是如此嗎？這些問題，我們能不能在三句話中講清楚？難道就沒有這樣的情況出現：在沉悶的會場中，有人卻僅用30秒就令大家的耳目一新，全部耳朵豎起來聽他說些什麼？肯定是有的吧？那麼，上面這些繁雜的事情就是可以化簡的，之所以還這樣複雜，就是我們本身不懂得30秒表達的重要性。

你真的能在30秒內將自己所要表達的重點說出來嗎？

阿超是公司的一個小職員，雖然從大學畢業後就進入這家公司，一直以來也是勤勤懇懇，兢兢業業，認真努力地做著自己的工作，沒有什麼功勞但也沒有出過錯。所以，即使已經為公司工作了兩三年，卻既沒有升職的希望，也沒有加薪的跡象。阿超很苦惱，不光如此，每次他去向主管彙報工作的時候，主管總是一副不是很樂意聽的表情，然後待他彙報完，就會說一句：「下次說得簡單一點。」阿超覺得很委屈，自己每一周都要完成那麼多工作任務，其中有些是很緊急很重要的事情，稍微不慎就可能損害到公司的利益，一兩句話怎麼說的清楚？但是他也清楚，為一件事情說上大半天，不僅大大降低了自己的工作效率，也浪費了主管的工作時間。於是阿超也積極改進自己的工作方法，況且上司給自己提了建議，那就更要努力去改正了。

於是，在以後的工作中，不論是工作報告，還是員工會議上，阿超儘量把自己的發言縮短，但是，上司仍舊皺著眉頭，表示對他的發言很不滿。阿超無奈之下，只得去向自己的前輩——楊姐請教。楊姐跟阿超是同一所大學的畢業生，兩人又機緣巧合的進入一家公司工作，所以，楊姐對於學弟的工作一直關心有加。聽說了阿超的煩惱之後，楊姐問了他一個看似很簡單的問題：「你能在30秒內提出你工作的重點和中心嗎？不管你的工作有多重要多複雜，必須在最短的時間內，提出你工作的重點。這樣，上司才能確定你的工作是否有繼續的價值，才能提高整個團隊的工作效率。」

阿超恍然大悟，在以後的工作中，按照楊姐的建議去實踐，雖然剛開始為了總結事情的重點和中心部分花費了不少時間，但是，堅持了一個月之後，他就發現，自己的工作效率大大提高了！因為工作報告不用再死命地寫得很長，在會議中的發言也只要簡短的幾句話便可以概括自己的建議。同時，主管也漸漸將目光轉向阿超，對他的工作多有讚賞，沒過多久就升職成了小組長。

相信大家都有過這樣的經歷：人家跟你說話，如果超過5分鐘以上，而又沒有新意，雖然你眼睛還看著他，但心已經跑到月球啊火星啊去免費旅遊轉了幾圈啦！最多5分鐘，你能不能在5分鐘之內把事情很漂亮地說出來？不但說清楚，而且還要非常有說服力。

為什麼要在30秒內「搞定」對方

這個世界已經充斥太多的資訊，大家寸秒寸金，哪裡還有閒工夫去細細琢磨你的話或者從一堆資訊中提煉重點內容？因此，我們要避免平淡，我們要爭奪注意力，我們要搶奪眼球和耳朵，我們必須在30秒之內「搞定」對方。那麼，「30秒理論」對於我們究竟有哪些幫助呢？

1. 簡短的彙報流程，減少部門管理時間。

2. 縮短業務時間，提高一線銷售部門的執行效率。我們原本用一天的時間談下一個客戶，現在只用30秒的時間去完成，那麼我們在單位時間上所創造的工作效率就會相當高，直接帶動企業效率。

3. 如果組織中的單位成員都能夠達到30秒理論的要求，那麼對企業發展的貢獻會隨著組織規模的不斷擴大而擴大。

麥肯錫30秒電梯訓練，抓住每一個機會

假如你平時沒有什麼機會見到總經理，有一天，你剛跨進一樓電梯，忽然發現總經理就站在你身邊。電梯幾停幾開，總經理到他辦公的樓層只需要一分鐘甚至半分鐘時間，你是否

有本事讓他在走出電梯之前說：「你剛才說的有點意思，這樣，我給你十分鐘，來我辦公室坐坐？」這就是備受推崇的麥肯錫式「電梯測試」，或者說「電梯間演講」。那麼，麥肯錫30秒電梯訓練到底是什麼？該怎麼去做？

1.「講」：30秒理論中「講」是最基礎的。

●聲音洪亮：聲音很重要，你講的東西別人聽不到，聽者的效果會大打折扣。利用每天20分鐘的大聲朗讀演講稿可以解決這個問題。

●抑陽頓挫：聲音的起伏以強調講話的重點和主要意思。這樣可以在短時間內加強聽者的接受效果。大家可以多嘗試有感情的朗讀，通過四聲訓練和抑陽訓練可以解決。

●沒有附加語言：很多人講話會帶口頭禪，比如是這樣的、就是說、這個、那個。這樣的詞語會佔用你的時間，可以藉由錄音聽一下自己的口頭禪，以便糾正。

2.分析：優秀的分析能力，要求的是我們要知道我們講的哪些是重點，哪些是不重要的。

3.歸納：說話者的思路和條理性是很重要的，要讓別人聽到之後就知道自己的思路和層次。歸納能力要求的是在問題分析的基礎上，有條理的說明問題，經常對自己需要講話的內容列一下提綱，再按照提綱的內容去講。

幾點關鍵事項，明確目標，提高效率

30秒電梯理論告訴我們做任何事情的時候需要把握重點，要有焦點，任何模糊焦點，拖沓冗長多餘的動作、行為，其實並不代表你瞭解的更多，而反而代表你瞭解的不夠多，不夠深刻。這在實際工作中是很有意義的。那麼，在麥肯錫電梯理論實踐過程中，我們還需要注意些什麼呢？

1.事先做好分析：俗話講，不打無把握之仗，對要拜訪的客戶的歷史、現狀、上司、優勢、接洽人的特點等進行詳細的分析，對談話中可能出現的問題做好充足的準備。找出能夠實現雙方共贏的結合點，你的這次拜訪和交流就成功了一半。

2.始終歸納重點：人之間的對話變數最大，千億次運轉的電腦，也沒人腦的變化快。當交流的對方提出問題時，立即讓大腦進行全面的、立體的分析。他為什麼這麼要說？有何居心？要達到什麼目的？你和他的想法的交叉點在哪裡？快速的分析後找出合作點和答覆方案，給予針對性的答覆。

3.對問題果斷應變：對要答覆的內容進行迅速歸納和提煉，總結出一些重點，抓住對方的心，果斷地、自信的進行答覆，把握交談的主動權，爭取達到雙贏的目的。

關鍵30秒，決定你的未來

30秒電梯理論是要求企業中的每一個成員、或是組織中的每一個成員，都具有非常優秀的總結和歸納能力，能夠在短時間歸納和總結，並且表達出自己的意見和看法。而當企業中的每一個員工都具備這樣的工作能力的時候，企業的溝通將會暢通無阻，執行效率一定是非常高效的！這也決定了我們以後是否能在經營過程中，通過一些細微的失誤就能提升管理，而不是重大過錯以後才去痛苦解決。麥肯錫理論更多的是防患未然，舉一反三。

相信通過努力，能在30秒內掌握事情的關鍵資訊之時，便也是升職加薪的時刻！

變換工作的內容是否也算休息？

莫法特休息法

在工作中，你是否常常覺得，持續一段時間的勞累會讓你疲憊不堪，以致於沒有精力再去做下面的事情？或是為了趕任務，不得已繼續持續工作，但是效率低下，根本發揮不了任何作用，下班之後，辦公桌上依舊堆滿了待辦事項，其中，不乏有一些是明天例會中就要呈交的報表或是需要儘快整理出來的客戶回訪單，所以，又要加班。因為加班，晚上的休息時間減少，第二天工作的時候就只能維持一段時間的高效，然後昏昏欲睡很沒有精神，效率大大降低；然後又需要加班才能將任務趕出來……長此以往，惡性循環，造成我們工作效率更加低下，工作狀態更加不佳。

在工作中你真的瞭解莫法特休息法嗎？

小李是某家大型外貿公司的職員，為了業績，每天早起，兢兢業業、勤勤懇懇地進行工作。但是，每天總有忙不完的事情，就算晚上不用加班，週末也得犧牲自己的休息娛樂時間來把剩餘的工作做完。小李很明確地知道自己效率低下的原因——因為自己喜歡一大早就來處理重要緊急的事務，而這些事情往往費神費力，於是，兩三件事情做下來，不過才兩三個小時，自己卻覺得一天的精神都被用完了似的。於是，再繼續下面的工作的時候，思考慢、反應慢、動筆也慢，於是，效率自然大打折扣；本來在制定計劃的時候能夠輕鬆完成的事情，也因為精神疲憊而被往後拖延。小李也曾經嘗試過將計畫中的某些事項改變次序，先做簡單容易的，然後再處理費力且艱難的，但是，工作效率似乎並沒有太大的改進，依舊需要自己犧牲額外的休息時間，才能將交代下來的工作一件不差地完成。

小李為此苦惱不已，相信大家對這樣的事情也都深有體會——誰願意一直在本該娛樂休息的週末時間裡，除了加班還是加班呢？無奈之下，小李向自己的主管去請教。主管聽完小李的煩惱傾訴以後，向他提出了一個重要的時間管理法則——「莫法特休息原則」。即不要長時間的做同一種工作，而是要經常的做不同內容的工作，保持精神上的興奮，進行主動的調劑和放鬆。

小李抱著試試看的態度，按照主管的意見，在工作到疲憊的時候，不再勉強自己繼續處理工作任務，而是沏一杯茶，拿一本管理決策的書，看上十幾二十頁；或是打開郵箱，將客戶的意見、諮詢一一回覆；或是瀏覽一下公司的新專案，想想自己是否能有好的主意。經過一段時間之後，小李覺得自己的工作效率果然大大提高，能在大多數時候按時完成自己的工作任務，而且，精神上似乎也沒有那麼疲憊了！

大家在工作中肯定會遇到這樣的情況：因為工作太多太忙亂，致使自己一直處於高壓狀態下，為了趕工作卻不得休息，導致精神疲憊而效率大大降低，這時候我們就要學會莫法特休息法。所謂莫法特休息法則就是交替從事兩件不同的事情，既可以得到放鬆、也可以提高工作效率。莫法特的休息法就是從一張書桌搬到另一張書桌，繼續工作。

為什麼要學會莫法特休息法

時間管理就是耕耘你自己。時間管理實際上是把你有效的時間投資於你要成為的人或你想做成的事。你對什麼進行投資就會收穫什麼：你投資於健康就會在健康上收穫、你投資於人際關係你就會在人際關係上有收穫；儘管我們總覺得時間管理應該主要是與工作相關，但你的時間分配還是必須涉及到八大領域，這才是對你最好的結果——比如在休息日，你也許該在家庭、健康、休閒上有更多的時間分配，而不是用於工作——為了達到這個目的，我們就要在工作中學會運用莫法特休息法，提高工作效率。那麼，莫法特休息法則究竟能給我們帶來什麼好處呢？

1. 休息也是在工作，大大提高了時間的利用率。
2. 看似工作卻是在休息，時刻保持充沛的精力和體力。

3.在處理其他事務的時候花掉了一些時間，於是會對目前進行中的工作任務產生緊急感，迫使自己大大提高工作效率。

4.有計劃地使用時間。每件事情都有具體的結束時間點。

莫法特休息法，將時間最大限度地利用起來

長時間從事單調的工作，人的興趣會降低，創造力逐漸減退；運用大腦的特定區域的時間過長會導致神經緊張、用腦過度，容易使人疲勞；長時間的腦力勞動，會導致腦供血不足和大腦缺氧，思維因此而變得遲鈍，工作效率快速降低。所以，我們要學會莫法特休息，交替進行不同的工作，將休息時間也大大地利用起來，創造最高工作效率。那麼，在工作中要怎麼運用莫法特休息呢？

1.休息不一定就是要停止勞作，休息不一定就是要找個地方躺下來，休息也不一定就是要找個舒服的地方坐下。

2.不同工作中的輪替，有效地轉移了腦力及體力老是處於同一狀態下所帶來的辛苦，同時也是有效地調劑和放鬆了人的腦力和體力。

3.其核心在於及時轉換思維，避免其僵化。

如果長期從事某一項工作，人的思維會慢慢陷入停滯，思考的動力會喪失，新鮮感也會下降。如果能夠在幾個工作中間進行轉換，也許這個問題就能夠得到解決。但同時

要考慮的是，能否快速實現思維轉換，並投入到另一項工作中去。

莫法特休息法的關鍵要素

從事某項工作一段時間，感覺工作效率開始降低時，就應該及時切換到另一項工作，從而使大腦的不同區域被輪流使用；這樣既可以保持對工作的興趣，又能使工作始終保持在時間報酬遞增的區間內，從而提高工作效率，保持精力充沛。既然知曉了莫法特休息的對於我們的工作有著如此至關重要的作用，我們一定會不吝嗇地在日常的工作中加以運用。那麼在使用莫法特休息時還有什麼需要注意的關鍵事項嗎？

1.善於利用零散時間。莫法特休息的核心就在於善於利用零散時間，做一些例如處理郵件、回覆客戶電話之類瑣碎的事情。

2.執行複數的工作計畫，長遠的或近期的計畫等。勞累的時候間歇進行。

3.做任何事時都先計畫一下，無論是工作還是娛樂，都要事先弄清楚目的，避免浪費不必要的時間。

贏得時間，贏得機遇

時間孕育機遇，機遇來自時間，所以贏得時間也就是獲得了機遇。美國管理學會主席吉姆·海斯說：「一個人可以學會更有效地使用多種管理工具，以便在同樣多的時間裡使自己更加富有成效。」

時間管理是對時間進行計畫，並在最短的時間或是預定時間內把事情辦好。它是個人管理的一部分，本質上是在管理個人，也就是如何更有效地安排好自己的時間，產生最大的使用效率。從而在自己的工作職位上做出貢獻，實現自己的人生事業目標！

時間管理的黃金法則是什麼？

NLP時間生命管理法

越來越緊張的生活節奏使很多人發出這樣的感歎：「我總感覺時間不夠用，我需要更多的時間！」、「該做的事太多，而且都很重要。我該如何選擇？」、「我很難平衡生活與工作，總是顧了這頭，顧不了那頭……」，時間管理的優劣，直接影響到企業的業績和個人生活的品質。如何利用時間，經成為日常工作、生活中最讓人頭疼的事情之一。

那麼，在我們為自己尋找大堆藉口之前，先來看一下，是否身邊的大多數人都處於這樣迷茫而無奈地狀態呢？恐怕不是的吧？相信大家都曾經看過這一現象：大多數人每天都忙得像飛速旋轉的陀螺，卻毫無收穫；而那些成功者顯得那麼清閒，打高爾夫、喝咖啡，悠哉悠哉。所以，歸根結底，「時間不夠用」、「不知道如何選擇」的原因，還是我們對於時間管理的瞭解和應用不夠徹底、仔細。

在這樣一個急劇變革的時代，我們不得不面對這樣一個問題——需要如何管理、處理、使用我們所面對的時間？合理安排好時間，更進一步設計未來的人生，登上牆的頂端！我們要靈活地運用 NLP 時間生命管理法：「堅守價值觀，用對時間做對事。」

你真的瞭解時間管理的黃金法則是什麼嗎？

小茜進入公司以來，一直兢兢業業、勤懇認真，艱難完成幾個大專案之後，也得到了上司的讚賞和重用，成為了分公司的銷售經理。但每天總是有忙不完的事情，每個週末都要抽出半天甚至一天的時間來處理未完成的工作任務，比起未升職之前，現在自己的生活勞累了許多，幾乎把全部休息之外的時間都花在了工作上，沒有時間跟朋友出去逛街，也沒有時間跟家人一起吃個飯聊聊天，更沒有時間回家看望父母……每天被繁重的業務和工作壓得喘不過起來，精神狀態也不是很好，但為了業績，還是努力堅持完成每天的工作。即使這樣，在新一年的年終大會時，小茜卻沒有迎來預期的獎勵，而是遭到了批評。

原來，年中時，總部發現分公司已經實現了全年的營業額，所以就認為這個分公司已經達成目標了。但到年末總結大會的時候才發現，分公司的營業額裡超過一半不是來自銷售總部給它的產品，而是他們發現一些客戶有特別需求，就組織了一幫人給客戶量身定做軟體而來的。從營業額的角度講，它是完成任務了；但實際上，它沒有完成公司制定的目標，作為分公司，它最核心的目標是銷售工作，這是公司戰略佈局當中的一個組成部分。偏離目標是最可怕的，表面上完成計畫並不等於沒有偏離目標。最後公司總經理在年終總結的時候說：「在我的戰略棋盤上，你這個分公司沒有意義，你掙錢多有什麼用，公司今年的新產品想在台北市場銷售，你沒有打開市場局面，沒有做正確的事情。」

小茜覺得很委屈，但是仔細想想，總經理的話是對的，自己的確偏離了工作目標。於是，在新的一年裡小茜嚴格按照總公司給予的工作計畫和目標來進行工作；結果不僅按期完成了工作任務，自己的工作時間也大大減少，也有更多的時間來娛樂休息。

管理時間最根本的就是「做對事情」，而不是按照計畫一件一件地將事情做完就算是提高了工作效率。為了完成目標可能會碰到諸多問題，時間其實就是花在解決這些問題上。而能不能用好時間，最後就是你對這些問題用什麼方法去解決。路子走對了，問題迎刃而解，時間自然花得少，工作效率自然也就上去了。

若無目標，何言管好時間

時間總是為那些有準備、有目標的人準備的。我們管理的不是時間而是生命。

管理時間最根本的就是「做對事情」，而如何才能做對事情呢？關鍵是要明確你的「價值觀」，因為價值觀決定著你的方向。

衡量時間管理有效性的標準是看你能否創造一個成功快樂的人生。所以我們就必須考慮這樣一個問題：如何才能讓每時每刻的價值最大化？要想每時每刻的價值最大化，就必須要管理好狀態——我們在處於憤怒生氣、灰心喪氣、焦慮不安、精疲力竭、心情壓抑、鬆懈懶散的狀態，和處於受到鼓舞、信心百倍、激情滿懷、放鬆自我的狀態中，所創造出的價值是完全不同的。那麼，NLP時間生命管理有什麼好處呢？

1.把時間變成生命；

2.讓你個人的力量最大化；

3.把時間把握在自己手中；

4.讓自己每天比別人多一個小時。

NLP時間生命管理，時間管理的黃金法則

「管好時間、做對事」的核心是要分出事情的輕重緩急，排列出優先順序。用好有限的時間，選對要做的事情，採取積極主動、自動自發的態度。

1.堅守價值觀，用對時間做對事。

2.注意力集中在身份、信念、價值：從管理生命的角度上來看，時間管理的三大根本是對價值觀的管理、對狀態的管理以及對習慣的管理。

3.平衡各方面的需求：保持生活平衡是做對事的一個很重要的方向。不同的人對自己是否做對事有不同的評判標準，很多人都會把事情的結果是否符合自己的價值觀作為評判標

準。但其實，關鍵是要看行為是否符合客觀規律。

4.關注要事而非急事：通常來說，在重要而不緊急的事情上應該花費的時間是65%至80%，但實際上，我們可能僅僅用了15%的時間去做這些事情。而對於那些緊急而不重要的事情，我們會花50%到60%的時間在這上面，但其實，它們只需要15%的時間去完成。

5.自制力出問題，不要先批評自己：當個人的自制力出現問題時，不能將行為與個人等同起來，行為上的缺陷並不等於個人的缺陷。如果在出現問題時一味自責，就會打擊了自尊心和自信心。我們可以批評犯錯誤的行為，但是這種批評是對事不對人的。我們要知道，做任何事情都比乾坐著強。

幾點注意事項，輕鬆完成任務

在日常的工作中，為了大大提高工作效率，肯定會頻繁地用到NLP時間生命管理，那麼，應用時間管理黃金法則的時候，有哪些需要注意的事項呢？

1.記錄時間使用狀況：要改善時間管理狀況，就必須要知道自己是如何使用時間的。否則就兩眼摸黑，沒有下手處。清楚自己的時間用在了什麼地方是時間管理的起點。

2.制定書面計畫：如果每天工作之前能用8分鐘做計畫，並養成習慣的話，那麼你每天就可以贏得一個小時的時間，用來處理其它重要事情。每天工作結束後，要開始制定第二天的計畫，一旦做好了計畫，你的潛意識就會通宵達旦的圍繞著它轉。通常，第二天醒來，就會迸發出靈感，讓你更快、更好地完成任務的方法。

3.做要事，而非急事：把今天要做的事情分類——今天「必須」要做的事情（即最緊迫的事情）、今天應該做的事情（即有點緊迫的事）、今天「可以」做的事情（即不緊迫的事情）。

4.按照精力週期來安排一天的工作，便可以大幅度提高工作效率：可以把最重要的事情安排在精力最好的時候，精力低潮時，則可以利用這段時間來放鬆自己，做一些不太重要的事情。

5.應對干擾：對干擾情況進行分析，當你知道什麼時間干擾最少時，就可以在這個時段來做重要的事情。

做正確的事，成功盡在掌握！

時間是世界上最充分的資源，又是世界上最稀少的資源。成功者都是管理時間的高手。管理時間是有技巧的，時間管理的優劣，直接影響到企業的業績和個人生活的品質。如何管理好時間，已經成為日常工作、生活中最最重要的事情之一。

所有的成功人士都是安排時間的高手，成功與失敗的界限就在於如何分配時間。百萬富翁和窮光蛋至少有一樣是完全相同的，他們一天都是24小時，都是1440分鐘，因此，如果你想在事情上獲得成功，那麼必須學會做正確的事情，使時間得到最有效的利用。

消耗的時間與目標達成正比嗎？

目標法則

「時間就是生命，效率就是生命」。這樣直截了當地理解時間和效率的重要性，是人們擁有美好人生的一種必備觀念。現在的問題在於，每個人都異口同聲地表示時間不夠用，因此無法去做喜歡做的事情。

我想很多人在工作中都會遇到這樣的情況：某一件工作任務很難，花費了大量的時間和力氣，還是沒有辦法解決，於是，棄之一旁或是就此徹底放棄，再去處理別的工作；或者，在做某一件事情的過程中，因為想到了其他重要且緊急的事情，於是放下手頭的工作去處理這些事情；再或者，在按照計畫進行某項工作的時候，又覺得這件事情可以往後拖延幾天，於是把它放到待辦事項中，去處理別的事務……結果，等到工作期限快到的時候，才撿起來去做，結果還得從頭開始查詢資料、確定思路、查詢進度，以前所做的工作幾乎是白費了——工作效率大大降低，這時候你是否還要抱怨工作任務太多、時間太少，所以沒辦法完成？

不妨來諮詢一下身邊的同事或是前輩，這種情況，大家都是怎麼解決的。

你真的貫徹了自己的目標法則嗎？

周日的清晨，小石就早早起床來趕報表，然後去給車加油，因為他們全家人將要去郊區旅遊。每天都在工作，時間安排得總是滿滿的，一家人早就盼望週末能夠出去旅遊一天。

正當小石在趕報表時，小兒子跑過來說：「爸爸，你上周就答應給我做一個玩具手槍的，今天是最後一天了！」

小石拍了拍自己的腦袋，「是啊！今天是最後一天了。」近來的工作很忙，他早就把這件事給忘了。於是小石到地下室裡拿出了工具，開始為小兒子做玩具手槍。好不容易做完了，已經快到中午了，於是小石想：「等給車加完油再吃飯，然後下午回來趕報表吧！」於是開著車就要去加油站。從公司經過時，他看到有人在加班，於是就去上去看了看，卻被幾個員工纏住，問了些問題。當他終於得以脫身，準備回家時，又看見自己辦公桌上放了幾份新拿來的文件，於是就拿起來看了看，一邊心想反正也不是什麼大事幾分鐘就處理完了，一邊就坐下來處理文件。當他做完工作，回家的途中，小石看到路上有賣水果的，突然想到家裡正好也沒有水果了，這不是現成的嗎？於是他又下車去買了幾斤蘋果橘子之類的……。

就這樣折騰著，轉眼間天就黑了，一天小石不知道忙了些什麼，反正油箱裡的油真的是不多了，而且報表也沒有做完，明天一早還要開車去上班並且需要將報表給上司過目。於是，小石不得不反思自己在平日的過程中是否也是這樣拖沓，不能從一而終。

設定一個目標並不難，而一直堅持下去使自己設定的目標不動搖，不受其他因素干擾卻是不容易做到的。成功人士都有一種能力，他們能在相同的時間裡，完成比別人更多的工作，因為他們有著明確的目標、清楚的計畫、安排有序的日程，也就是遵從了「目標越清楚，成效越顯著」這一法則，這使他們可以持續不斷地對時間進行最有價值的利用。

為什麼消耗的時間與目標不成正比

一個人要想取得成功，僅僅立下一個目標是不行的，還得對它進行盡可能多的思考，為它進行反覆的記錄和修改。當你對它的認識越來越清楚的時候，也就是你對自己想要的結果越來越清楚的時候，那時候，只要採取越多的相關的行動就可以得到它。而在你對目標清晰化的過程中，你也會更少地把時間花在那些與實現目標無關的事情上。那麼，為什麼我們消耗的時間與目標不成正比呢？

- 不知道要達成這些目標的真正原因
- 目標不合理
- 缺乏明確達成目標的期限
- 沒有定出核心目標
- 沒有一定要達成的決心
- 目標不夠明確
- 缺乏詳細計畫
- 沒有定期檢查，衡量進度

明確目標，等於成功

時間對於每一個人都是公平的，不會多給你一分，也不會少給他一分，只要你有一個清晰的目標，你就能避免自己浪費時間。那麼，我們該怎樣來實現目標法則呢？

1.列出實現目標的理由：在設定目標的同時，不要忘記同時找出要完成這個目標的理由來說服自己。當你十分清楚地知道實現目標的好處時，你還會輕易改變和放棄它嗎？

2.列出實現目標的條件：若不知實現該目標所需的條件，就會不知道如何去執行。

3.定下承諾，直到實現目標為止，否則絕不放棄：設下目標之後也不要忘了給自己定下一個承諾。光有設定目標是不夠的，「決定成功」才能讓你成功。

4.列出在目標實現過程中可能遇到的阻礙性問題：依困難程度從難到易列出，然後自問「用什麼辦法來解決那些問題」，並逐項寫下。

5.收集應該具備的條件，照著這些條件不斷完善自己：很多人想成功，卻不清楚成功者所具備的條件。要學會列出成功者所需具備的條件，讓自己知道該往哪個方向邁進，該成為怎樣的人。

6.設下實現目標的時限：如果設下了目標卻沒有時間的限制，往往就會使自己做事拖拖拉拉，也很難檢查出自己在不同的時段取得的成績，這樣很容易使自己感覺沒有取得什麼成效，並且浪費了時間。因此，當確立了目標之後，便要設下明確的實行時限。

7.設下時間表：從實現目標的最終期限倒推至現在。

8.馬上採取行動，從現在開始：今天的任務今天就要完成，「明日復明日，明日何其多」。今天設下的目標應立即採取行動，決不拖拉。

9.衡量每天的進度，每天檢查成果：越細化的檢查自己取得的成果，就會越頻繁地給自己增加信心，並且對出現的問題及時加以改正。

關鍵幾步驟，加持你的夢想

在這個世界上，成功者大概占3％，一般人大概占了97％，比例是相當的有差距，那麼為什會有這麼大的差距呢？是因為97％的普通人不知道下定決心的重要性。

事實上，成功與失敗、幸福與苦澀，它們的區別僅僅就在一念間，就在目標是否清晰上。成功和幸福的來源有80％都在於目標的清晰上，而缺乏清晰的目標絕對是我們生活中苦惱和低效率表現的最大來源。

那麼，現在我們瞭解了一種可以極大提高工作效率的方法——目標法則，在使用的過程中，還需要注意哪些事項呢？

1.注重方法：不同的事情有不同的處理方法，不能一概而論。

2.要有夢想和信念，並且堅持：夢想，可以說是成功必備的企圖心，因為有了夢想和信念，人類才有進步、社會才能發展。

3.看到環境的重要性。

4.成功需要下定決心：沒有強烈的企圖心，沒有雄雄旺盛的一定要成功的決心，說要成功，那是很困難的。

5.合理設定目標。

6.把芝麻（小事）與西瓜（大事）分開。

事半功倍，贏得完美人生

目標不僅應當時刻存在於心中，還應當把它清晰地寫在紙上，把它貼在牆上，或者記在你的日記本裡，一日誦念數遍，它會提醒你努力努力、抓緊時間，而這會促使你以意想不到的速度取得成功。所以有人說：成功就是目標，而其它的一切都是對成功寫下的註腳。

儘管目標隨時都在增減和變化，但有一點是肯定的，那就是你必須在紙上寫出嚴密的計畫，每天堅持重溫、研究和修改，所有偉大人物都是這樣做的，這也就是他們取得傑出成就或者最大成就的關鍵所在。當你遵照這一切一絲不苟地執行的時候，那麼，我們要恭喜你：就請迎接你生活中的重大變化吧。

制定的計畫是否合理？

方圓法則

日常工作中，在制定每天的計畫時，相信大家都是自信滿滿，自以為考慮到了各個方面，並預留了可能出現的臨時事件的解決時間，相信自己必定能夠可以按時、按質、按量地完成。但是，在實踐的過程中，真的是如此嗎？

回想一下，你是否抱怨過：這項計畫制定的不合理，這麼短的時間根本就是不可能完成的；這項任務沒有指定截止時間，應該可以往後拖延一下的；昨天我已經處理了至少五個專案，於是今天沒有必要再去做這麼多事情……於是，即使你認為計畫很完美，也總有不少事情被擱置，於是，到下班的時候，總有些事情還沒有完成。若是不想加班，就會被拖到第二天第三天……等到哪天再想起來的時候，卻不一定有時間去處理，或者是即使有時間，也需要從頭重新整理該工作的任務，浪費掉不少時間，從而降低一天的工作效率。

不要再拿那些老套的藉口為自己開脫，你真的有那麼忙嗎？主管派發給你的工作任務真的比別人多嗎？你敢百分百保證，在一天的工作中，你沒有浪費一分鐘的時間，而是一直保持高效嗎？而且，看看身邊的同事，他們是否跟你一樣，一直處在高效的邊緣，卻總是在不自覺中給一天的工作留下一個尾巴？如果不是的話，那真要從自身來尋找一下原因了。

你真的制定了合理的計畫方案嗎？

小李在學校的時候，是數一數二的優等生，各方面都均衡發展，人也靈活，於是，在畢業之際，學校的徵才博覽會上，成功得到了目前所在的這家公司的工作，一畢業就進入公司工作。但是，即使在學校裡神通廣大，小李在這裡也遇到了不少難題，於是從最初各方面都不熟悉，效率極其低下；到現在慢慢學會在工作中各式各樣的管理時間的法則工具，極大地提高了工作效率。沾沾自喜的同時，小李幾乎都要覺得這世上在沒有什麼能難倒他的事情了。與此同時，上司也對小李的卓越表現很滿意，更加器重他，將一些重要事務也派發給他。壯志躊躇的小李卻突然發現，自己的工作效率明顯降低，大不如前，每天都有一兩件左右的事情沒有完成。長此以往，一周就差不多積累下十來個工作，於是，只得犧牲週末的娛樂休息時間來完成剩餘的工作。一次兩次還好，但是，連續兩三個月都是如此拼命地加班，即使小李精力旺盛，也覺得有些吃不消了。

但是與之形成鮮明對比的是，比自己早一年來到公司的小林。同是作為優等生被選中進入公司。作為骨幹培養，比小李多了一年的實踐經驗。小林處理事情的效率顯然遠遠高於小李，幾乎不見他加班，而且時常在間歇中小憩一下。為了改善自己目前的環境，小李厚著臉皮去向小林請教。

小林首先問了小李一個問題：「你覺得自己制定的計畫真的很合理嗎？沒有需要再改善的地方了嗎？」小李一愣，將自己的日計畫拿出來仔仔細細看了一遍，覺得沒什麼問題呀。

小林仿佛看出了他的疑惑，指了指他的其中一項計畫，說：「這個，你只寫了3月10日這一天要做這一件事情，但是，究竟從幾點開始，打算用多長時間完成，若是遇到意外不能完成，又該怎麼辦，你卻一點都沒有提起。這樣空泛的只寫了幾個字的計畫跟備忘錄有什麼區別？」小李恍然大悟，原來自己的錯誤在於沒有遵守規矩呀。

於是，小李將自己的計畫重新制定了一下，不光日計畫，甚至週計畫，月計畫，也都詳細周到地重新做了一遍，將每天要完成多少工作，什麼任務該什麼時間開始什麼時間結束，每天哪個時間段要做什麼事情……都一一記錄。經過一段時間的實踐之後，工作效率果然大大提高，不僅不用再加班，工作之餘還能給自己留出一點處理臨時或意外事件的時間。

我們在成長的過程中，常被各種紀律所束縛，「沒有規矩、不成方圓」，因為有紀律，我們才有秩序。在時間管理中，我們同樣強調紀律與規則。

為什麼要按規矩做事

俗話說，沒有規矩，不成方圓。人不以規矩則廢，家不以規矩則殆，國不以規矩則亂。規矩很重要，不懂規矩、不用規矩、不守規矩，就要出問題，就會栽跟斗。打牌不按規矩出牌就要輸牌，打球不按規矩就要輸球，火車越軌就要翻車；做人、做官不守規矩就要失去朋友、失去群眾，成為孤家寡人，甚至出問題，落得個「人不像人、官不像官」的結局；出外不守交通規矩就有可能釀成交通事故，給眾帶來生命和財產損害；做生意不守規矩就要失去誠信，失去顧客，生意難以做大。同樣的道理，一個班子沒有了規矩，「各吹各的號、各彈各的調」，就形不成合力；一支隊伍沒有了規矩，就會步調不一，形如散沙；一項工作沒有了規矩，就會急事辦不妥，難事理不清，大事辦不成；一個社會沒有了規矩，就會失去秩序，陷入混亂。同樣，在時間管理中，為了大大提高工作效率，我們也要制定規則、遵守紀律。

那麼，按規矩做事有什麼好處呢？

1. 按規矩處事可以管理上級、幫助同事、輔導下屬，為自己創造良好的溝通協作環境。

● 管理上級就是按規章辦事，不失原則。對上級交辦的符合規章制度的工作，要不折不扣，保質保量完成，當發現上級交辦的事項與規則存在衝突的時候，我們要敢於質疑，善意提醒，堅持原則，這也是對稱職下屬的基本要求。

● 幫助同事就是要堅持原則，合情合理。如在工作中發現同事有違規的隱患時，要能堅持原則，及時指出。當然這需要很有技巧的表達方式。

● 輔導下屬就要是以身作則，防微杜漸。

2. 規矩處事，對個人嚴於律已，就能夠確保職業生涯穩健發展，提升自身價值。

3. 明確自己每一天的任務和目標，堅持不鬆懈。

4. 養成好的習慣。

怎樣制定合理的計畫

世界著名的音樂家莫札特通常被描述成輕率而任性的天才，然而他從15歲到過世為止，終其一生的作曲數量都是非常固定的，甚至可以用代數程式來計算。

很多作家固定在每天某個時段工作，而且在停筆前必須完成一定的字數。這個方法很有效，假如你養成每天寫一千字的習慣，連續一個月後，寫一千字便易如反掌。接著你可以增加字數到大概一千兩百字，過十幾天後，或許可再增加幾百字。

綜上所述，要制定一個合理的計畫，必須要遵循以下步驟：

1.做什麼——確定目標；

2.為什麼做——目前的形勢和機遇；

3.怎麼做——策略、措施和具體的工作事項；

4.何時做——什麼時候開始，什麼時候結束；

5.如何控制——過程監督，及時跟進，效果評估。

方圓法則，有規矩才成方圓

既然我們在制定計劃的過程中，需要收到多種規則和紀律的限制，那麼，我們就要遵循方圓法則，制定合理的計畫，為自己順利完成工作提高更加可靠的保障。那麼，方圓法則的關鍵是什麼呢？

制定規則、遵守紀律的核心主要體現在以下三個方面，這也是我們合理制定計劃的核心：

1.在進行工作的時候，一定要念念不忘這個工作應於何時截止。

2.即使外部沒有規定截止的日期，自己也要樹立一個何時完成的目標。

3.由於不得已原因而不能按期完成時，一定要提前和相關部門取得聯繫，將影響縮小在最小範圍內。

制定合理計畫，成就完美人生

凡事預則立，不預則廢。計畫是實現目標的藍圖，要成就每件事，就需要制定計劃，腳踏實地、有步驟地去實現它。通過計畫合理安排時間和任務，使自己達到目標，也使自己明確每一個任務的目的，促使自己實行。計畫具有指向性，能促使事情系統有序地完成。

計畫的過程中必須對將來作一些初步的預測，分析哪些事情可能會發生，哪些事情可能會變化。在作出準確的預測後，制定出行動方案。一旦未來發生變化，就能從容對付。

如果說一個人能合理地計畫一天、一個月、一年，能在做一些重要的事情前事先計畫，並付諸實施，那麼他一定能做出比別人更加突出成果，也才能使得自己能夠在工作中有更加傑出的表現，成就自覺地事業，享受更加美好的人生！

積少也可以成多
長尾理論

前面我們講了一些關於二八理論的相關知識和在時間管理中的的應用，那麼，相信很多人在習慣利用帕累托原則處理工作的過程中，就會不由自主地把主要精力和時間放在能創造80％價值的小部分事件上，而忽略了只能創造20％利益的大部分事件。

但是，處理郵件、回覆客戶電話、接待來訪夥伴，真的就不重要嗎？試想一下，若是一個客戶只能為你帶來幾十塊錢甚至十塊錢的利潤，所以，你不願意去花費時間接待客戶，聽取客戶的意見。因為你會覺得，對於偌大的公司來說，幾塊錢根本無關緊要。但若是這樣的客戶一天有五六個甚至八九個呢？那麼一天就有至少一百塊，一個月就有三千多塊，一年則至少是三萬六千塊，這些錢差不多就是一個普通員工一年的工資了。你還覺得可能只占這20％中的2％的任務不重要嗎？

這個理論在工作時間上的安排也是一樣適用的。試想一下，在一天的活動時間裡，除了處理許多重要事件的連續長時間工作外，可能常常不管如何精密規劃的情況下，還是必須等待。乍看之下，這些時間可能永遠無法追回；當我們忙得不可開交而又必須等待的時候，失望只會增加而不會減少。例如去超市排隊買午飯，下班後去看醫生，與重要合作夥伴相約談判，出差來回的路途上……那麼，這些等待的時間，是否可以積少成多，來處理一些重要事情呢？

你真的能把長尾理論合理融入到時間管理中嗎？

小莉在公司工作一年之後，因為表現突出，被調到業務小組，從此開始出差生涯。因為所在企業是一家規模很大的貿易公司，各種產品都有所涉獵。即使是淡季，也總有談不完的單子，小莉的出差也就成了家常便飯。但是，除此之外，她也有很多屬於自己的辦公室事務，比如回訪一些重要客戶，徵詢他們對產品的意見；為自己的職業生涯做個人規劃，每天規定自己完成一定的學習課程；向老闆彙報談判合作業務的進度……但是，一直在旅途中，從一個城市到另一個城市，幾乎沒有駐足時間的小莉覺得，這樣的工作壓力之下，自己根本沒有時間去處理這些事情，只能待到上司急著要結果的時候，匆忙加班，去完成客戶的回訪任務以及業績進度報告等，至於自己的進修，也就只能想想了。

小莉為此很苦惱，不知道這份工作是要繼續，還是另尋新的出路，她可不想一輩子都做個小小的中層管理，但是，無法進修，不能提高自己的個人能力和修養素質，升職幾乎是天方夜譚。

正當小莉猶豫不決的時候，在這次的出差過程中，認識了分公司的經理——莫姐。莫姐只比自己大三歲，在工作中的表現和業績卻是自己遠遠所不及的。於是，小莉忐忑不安地向莫姐傾訴了自己的苦惱。於是，莫姐問了她一個問題：「從現在算起，到目的地，我們還需要在飛機上待多長時間呢？」小莉不明所以，但還是認真回答：「大約40分鐘。」「那麼，你覺得這40分鐘能看幾頁書呢？或是回覆某個比較緊急的郵件，應該能打好草稿吧？不光這40分鐘，下飛機後，我們等待行李的5－10分鐘的時間裡，也足夠向老闆打一個電話，彙報一下昨天談判的結果……」

小莉恍然大悟，按照莫姐的方法來進行工作，果然在不知不覺中就可以完成許多經常來不及做的事情，在出差的路途中，也對自己的職業生涯做了更好的規劃，然後也利用這些零散的時間，自己完成了好多課程的學習。一年之後，小莉也終於如願成為公司的高層管理。

不管你多麼有效率，總是有人讓你等待：你可能錯過公車、地鐵、飛機，碰上出其不意的中途休息；你也許已經盡可能地小心計畫每一件事，但是你可能意外地被困在機場。許多高成就者在這種情況下所做的事情是：帶本書看；寫點東西；修改報告；檢查語音郵件；打電話等。

為什麼總是積攢一大堆瑣碎小事

吃麵包或者餅乾一類的東西的時候，常常會掉落一些細小的碎屑，或許大多數朋友都不會太在意，因為如果要撿起來吃掉，一是覺得不衛生，二是似乎太小而沒有那個必要，節約也不至於到這種程度吧。假設一個天天以麵包為食的西方人，他每次吃麵包都不可避免地會掉落一些麵包屑，雖然集到一起大概也就不起眼的一小撮，但是一個月下來，麵包屑大概就不是一小撮了，一年下來，或許掉落的麵包屑都跟一個麵包差不多大了。

那麼，一年裡我浪費掉的時間碎片加起來有多少呢？一個小時？一天？一個月？一天浪費2個小時似乎不是一件很難的事情，可是一年下來，別吃驚，這意味著浪費了整整一個月！很可怕，不是麼？一個月的時間（而且每天是按24小時而不是8小時計算）可以做多少事情啊！這一個月裡，世事風雲變化，有多少機會和咱擦肩而過呢？相信我們無意中積攢下的一大堆瑣碎事情，就是在這些被浪費的時間裡遺留下的。那麼，怎麼才能保證不會攢下這一堆瑣碎事情呢？

1.關注一分鐘的價值。很多個一分鐘積累起來，可以變成10分鐘、半小時、1小時……；
2.在等公共汽車或坐地鐵時背英文單詞或看看報紙，給自己充電或是瞭解一些新聞時事；
3.上班途中，在公司附近跑步十幾分鐘，使自己一整天都有個好精神；
4.上廁所或是去茶水間的時候，看看窗外的景物，調節一下，讓自己有個好心情；
5.勞累的時候，回訪一下客戶或是回覆幾封郵件；
6.午飯排隊的時候，想像一下下午的時間安排；
7.抽空打個盹兒，保持一天的高效。

善於利用每一分鐘

在某種意義上，長尾理論是對「二八定律」的傳統顛覆。許多職業人士依舊習慣於把80％的時間花在某些重要事件上，這無可厚非。但是，這裡就要注意了，再重要的事情，我們也只是贊同你把80％的時間花在這上面，而不是100％，所以，這就證明，即使大堆繁瑣的事情只需要花費工作中20％的時間來完成，這些事情也是必要的，而不是可有可無的。所以，我們要把長尾理論和二八定律結合起來，相輔相成，善於利用每一分鐘。

1.用零散的時間記憶零散的知識：車站候車的三五分鐘，醫院候診的半個小時等等，如果珍惜這些零碎的時間，把它們合理的安排到自己的學習工作中，積少成多，就會成為一個驚人的數字。

2.處理工作中的雜事：用零星的時間來削鉛筆、收拾工具、整理辦公環境，整理資料夾，安排第二天的工作，有次序地整理待辦事項。

3.讀短篇或看報刊：較短的零星時間適合讀一些短篇的文章或自己感興趣的職業規劃以及人力管理方面的報刊，這樣可以幫助你開拓知識面。

4.正確處理「一線」和「二線」的關係：所謂「一線」就是正常的工作計畫中必須要完成的工作，而其他瑣碎的或是臨時加入的事情則屬於「二線」。

5.及時檢查並修訂計畫。

找出隱藏的時間，積少成多

時間往往不是一小時一小時浪費掉的，而是一分鐘一分鐘悄悄溜走的。「事情就怕加起來。」這一美國的諺語也是說的這個道理。一切在事業上有成就的人，在他們的傳記裡，常常可以讀到這樣一些句子：「利用每一分鐘來工作學習。」對時間計算的越精細，事情就做得越完美，如果在工作中你能以分為單位，對那些看起來微不足道的零碎時間也能充分加以利用，你才能在工作中會有所收穫。我們已經明確了長尾理論可以解決這方面的問題，那麼，還需要注意些什麼事項呢？或者說，我們該如何找出隱藏的時間，積少成多呢？

1.進行為期一個月的時間記錄：主要內容就是記錄我們的時間都用在了哪裡，然後對時間的使用情況進行分析。削減沒有成效的時間需求。排除我們每天不需要做的事情，或是做了沒有結果的事情，這樣的事情純粹是浪費時間。儘量減少不必要的娛樂時間，將平時上網、看電視的時間用在閱讀上。

2.該做的事情儘量專注認真：第一次就把事情做對，避免重做。這樣的工作態度是最節約成本的。

3.把相似的事情進行合併：比如朋友甲要和我一起吃飯，朋友乙也要和我一起吃飯，如果甲與乙不介意，我就把這件事放在同一時間完成。

4.每天強迫自己做3件對未來有影響的事情，其中不包括基本的工作。

5.每天利用早上上班時間、小憩時間、回家坐公車的時間運動、看書和反省。

用最短的時間創造最大的價值

時間是平等的，每個人一天都擁有24個小時，可時間在每個人手上所創造的價值卻是不同的。有智慧的人的時間總是被用來做最重要的事情。有人把我們的日子比喻成一模一樣的手提箱，即使它們一樣大，但有些人因為能善用時間，所以總是能比別人裝進更多東西。這些人都有很強的目標感，對他們來說，時間是世界上最寶貴的資產，他們會一再地分析時間的用法，會反覆問自己：我好好利用我的時間了嗎？

親愛的朋友，你好好利用時間了嗎？如果沒有的話，那就從現在開始做起吧，因為你所做的每一件事都有賴於有效的自我管理，在對待時間這個問題上也是如此，用最短的時間創造最大的價值！

第三課 制定完美的日程表

人的差別，主要在於行動的能力和速度，而其中方法很重要。大多人的初衷是好的，有不少好的想法、思路和專案，可是缺乏好的方法；而用日程表的形式制定行動計畫——比如一個月一張，或一個季度一張——將所有重要目標涵蓋在一張日程表之中，則會使自己的工作和學習有條不紊。每一天都積極主動地投入到工作和學習中，按照日程表緊張有序地進行，取得預期的結果。

制定完美的日程表不僅僅能讓工作按計劃、有步驟地開展，而且還可以從對計畫的總結中找出曾經被浪費掉的時間。久而久之，便會使自己在時間的運用上從當初的無意識提升到有意識和科學規劃的層面。通過總結每天的工作日程表，發現工作中浪費時間的一些無意義的舉動，從而改進，確保用最短的時間完成每日工作。久而久之，就會讓自己在工作效率上得到巨大的改變，有效地減少無意識中所浪費的時間。

工作眾多，我要從哪個地方開始？

從艱難的工作開始著手

我們每天都需要面對大堆的工作任務，而這其中有十分簡單的，也有很棘手的。那麼，面對這許多的工作，我們該從哪一件著手呢？或許有人就會說：根據事情的重要性和緊迫性進行呀。這誠然不錯，而且在工作中，這也是必須的，我們當然要先著手處理重要且緊急的事情。但是，即使制定了詳細的計畫，也按照輕重緊急原則來做這些工作，還是有些人會感覺到時間不夠用，有些時候仍舊會餘下一小部分工作，不得不犧牲休息時間來完成。

有人可能要辯解說：自己並不是每天都無法完成任務，有時候完不成是因為這一天的任務太多了，而且有好幾件都是很難的事情，自然需要花費更多的時間。但是，真是如此嗎？或許每一天的工作量都不一定完全一樣，但是，真的會在某一天，上司突然派發給你比往日多出一倍的工作嗎？而且很多都是需要冥思苦索或是借閱大量資料或是花費大量時間才能完成的？不妨來觀察一下身邊的同事，他們是否經常因為工作中被派發了艱難的任務而需要加班？如果沒有的話，是否要考慮一下自己的處事方法，哪裡還有些不完善的地方？怎麼樣才能更大地提高自己的工作效率？

在眾多的工作中，你真的明確要從什麼地方開始嗎？

小王是一家大型合資企業的職員，因為融入了外企的一些元素，節奏很快，每天的工作都是忙得腳不沾地。為了儘快適應公司的快節奏，他每天都為自己制定一個第二日的計畫單，將上司交代的任務一一記錄，並做好計畫。即使有些時候，在自己已經完成計畫單制定的時候，又來了新的任務，小王也能快速地將交代的任務再插進去，並且將新工作的執行安排在合適的位置和時段上。於是，即使很忙，小王大多數時候也能在規定的時間內完成自己的工作。但是，隨著工作時日的增加和公司新血的加入，小王也變成了老員工，被派發了更多的工作任務。這其中，不乏有公司的重要工程項目和相關策劃之類的，對於小王來說，這些工作都是剛剛接觸，做起來並不輕鬆。

在嘗試了幾次之後，小王發現這些工作的難度遠遠大於自己所想像的，而且很多問題他都需要向上級請示或是需要自己做好不同的準備方案。於是，為了節省時間，小王便把這些工作放在最後，在自己完成其他的工作任務之後，再去處理手頭上這些艱難的事情。結果，要麼主管不在或是沒時間，需要請示的問題解決不了，就是一天的勞累之後，精神依然有些疲憊，面對這些複雜艱難的工作任務，沒有任何思路。即使勤勤懇懇地加班，似乎也來不及當天就完成這些棘手的事情，不得已，小王只好打算第二天一大早來處理；到了第二天，又有了新的工作任務，小王看看這個，煩煩那個，還是決定先做慣例工作，然後再一起處理比較麻煩的工作。結果，自然又是棘手的事情被擱置。一拖再拖，轉眼就到了工作的限制期限，而小王對於這些工作，依舊沒有任何眉目。加班的時間浪費了不少，卻沒有出任何成果。

小王很是苦惱，想起自己辦公室的另一位同事——小林，比自己早一段時間參與公司的工程項目和決策，但是，人家現在卻輕輕鬆鬆，甚至有時間MSN聊天或是午休的時候玩上一小會兒遊戲。於是，小王去向小林請教。

小林仔細看了一下小王的每日計畫，問他：「你一般是從哪些事情開始工作呢？」小王說是從每日的慣例工作開始。小林立刻向他提了一個建議：「從明天開始，你試試看，從最棘手的工作著手。」小王有些疑惑，但還是按照小林的建議去做，剛開始的時候，為了完成最棘手的工作，差不多花費了半天的時間，剩下的工作在臨近下班的時候總有一些剩餘，但是，堅持了一個月，當小王習慣這種工作方式之後，不僅處理棘手工作的時間有所減少，而且，在將最艱難的工作完成之後，心理上大大放鬆，處理後面的事情的時候，感覺輕鬆不少，很容易就完成了，不僅不需要再加班，而且每天的工作時間都有餘留。

不論是在工作中還是在日常的生活學習中，我們總是在自身存在著一定的惰性，這些惰性使得我們遇到困難的時候，總是會下意識的逃避，從而不僅浪費了大把的時間，而且慢慢會養成一種懦弱的習慣，對工作和生活缺乏信心，遇到事情就會覺得自己「不行」。而從最棘手的工作著手，則是一種積極工作，樂觀向上的表現，是職業素質主動性的體現。

為什麼要從最艱難的工作著手

當最棘手的問題被克服並完成後，再用餘下的時間去完成其他工作任務就顯得輕而易舉。從制定的任務清單上瞭解相關事項，確定清單上最棘手的任務，即花費最多時間或付出最大努力的任務，然後從該任務開始實施，直至完成。相比之下，清單上的其他任務就很容易完成了。那麼，為什麼要從最艱難的工作著手呢？

1.避免小問題堆積成大問題；

2.即使犯錯誤，也能促進我們學習與成長，而不解決問題，只會導致我們停滯與萎縮；

3.培養我們敢於直接面對問題的勇氣；

4.行動建立信心，不行動助長懷疑；

5.在思考的過程中產生靈感，想出創新的辦法；

6.我們會更善於尋找解決問題的途徑，提升我們解決問題的能力；

7.形成快樂向上的積極態度，我們的前景會越來越明朗。

怎樣解決最棘手的問題

從最棘手的工作開始，一步步完成我們的工作任務，提高工作效率的同時，也大大提升了自己工作的信心，甚至有人說：「工作的實質就是解決問題。」那麼，我們又該如何來解決最棘手的工作任務呢？

1.樹立信心，堅信辦法總比問題多；

2.注重細節，做好大事件中每一個小細節；

3.出現問題，積極尋求解決的方法；

4.不要敷衍工作，否則就是敷衍你自己；

5.要具有強烈的使命感，工作是你的就是你的責任，無論如何都要完成；

6.積極面對現實，告訴自己「我能行」；

7.盡職盡責地對待工作；

8.拒絕藉口，立即行動。

幾點關鍵，工作無難事

不論是公司上司還是普通員工，在工作中總免不了有遇到困難的時候，那麼，我們是該迎刃而上還是逃避現實呢？相信成功者都會選擇前者。我們講述了如何在工作中解決棘手問題的幾步驟，但是，仍有幾點注意事項需要牢記在心：

1.思考問題之前，放鬆身心，理清思路；

2.懂得解決問題必須下功夫；

3.相信自己有解決問題的能力；

4.做出決策比無所事事要好。

解決問題，實現理想

實際上，工作也好，人生也好，成功者與失敗者的分水嶺，就在於前者能夠勇敢地解決問題，闖過道道難關通向勝利。而後者像駝鳥一樣把頭鑽進沙子裡，對問題視而不見，指望別人替自己把問題解決好，或者幻想問題自動消失。逃避問題、把問題留給上司、指望問題自動消失，這些都不是辦法。因為解決工作中的問題，是每個職場中人的基本職責。

我們必須擁有一個好心態：正視問題、放鬆心情，把問題看作成長的機會，相信自己有能力解決問題，愉快地迎接問題。這樣，我們就能勇敢地挑戰問題，打開自己的思路，找到有創造性的好方法。也只有在面對困難、解決問題的過程中，才能激發我們潛藏的力量，喚醒我們沉睡的智慧，從而幫助我們實現能力的飛躍，使我們有能力去實現自己的理想。

你要如何吃掉一頭大象呢？

把「大規劃」分解成具體可行的「小計畫」

工作中，很多人都遇到過這樣的問題：面對某一個紛繁複雜的大專案，卻不知如何著手處理。也許，你又要抱怨，這麼難的事情，我一個職場新人，怎麼可能做得來？或是，我沒有接觸過這一類的事情，完全不知該從何下手。

但事實上，你真的沒有解決這件事情的能力嗎？作為職場新人，這一次你以「自己不會，沒能力解決」推托掉這件事情，下次呢？難道時間久了，你就自然而然地學會了嗎？若是一直不接手這些複雜事件，你怎麼確保自己不再是新人的時候，就能夠處理了呢？

不要再為自己尋找各種各樣的藉口了，看看身邊的同事，諮詢一下你的前輩或是上司，他們作為職場新人的時候，也是這樣將艱難複雜的項目推托掉嗎？那麼，他們又是何時開始，能夠自己去處理這些大專案、大事件的呢？

這時候，不妨靜下心來，將工作仔細考慮一下，說不定就能有了突破，即使是錯誤的決策，也能給自己一個經驗教訓，從而引導自己從其他方面來尋找出口。而一味地逃避拒絕，是成不了大事的。

在工作中你所遇到的問題真的是不可解決的嗎？

阿超所在公司是一家教育諮詢輔導機構。阿超在大學的專業便是教育相關方面的，於是，臨近畢業的時候，在這家公司實習過一段時間，覺得公司發展前景不錯，而老闆也頗為欣賞阿超吃苦耐勞的工作態度，於是，大學一畢業，阿超便正式成為了該公司的員工。到現在為止，也有半年多的時間了。老闆覺得，阿超對公司的情況已經掌握的差不多了，對公司的發展規劃也有了一定的瞭解，於是，將中小學英語輔導專案交予他去負責開發。阿超瞬間覺得一個腦袋兩個大，拿到專案書的時候，看著裡面老闆的幾條要求和公司對該專案的重視，有點傻了：這麼複雜艱難的任務，自己一個新人，怎麼去做？

埋頭推敲了好一段時間，阿超沮喪地發現自己的工作毫無進展，心裡更加埋怨起來：老闆也太不會安排工作了，這樣難度的事情，交給組長去做不是更好？自己工作才半年而已，哪有那麼豐富的經驗來處理這種大專案？但是，不管如何，也只能說服自己——既然任務已經到了自己手中，那就推托不了——最後老闆找自己要結果的時候，不論如何，也得給一個交代。於是，阿超不得已，只好去向專案組的主管——趙主管請教。

趙主管首先向他提了一個問題：「你打算怎麼進行這項工作呢？」阿超一愣，結結巴巴回答：「就是，就是，做一個專案策劃吧？」趙主管又問：「專案策劃該怎麼做呢？」阿超無言以對。趙主管告訴他，專案策劃的確是很複雜的事情，但是，這個複雜的大項目，也是有很多個小事情組合起來的，若是把小事情都解決了，大問題也就隨之解決了。阿超恍然大悟，按照趙主管給予的意見，將該專案從頭到尾仔仔細細思考了一下，分成幾個大步驟，然後每個大步驟再分成幾個小步驟，一步步慢慢地去完成。結果，不過3週的時間，專案策劃就已初具模型，再用一週的時間修飾，提早一週的時間將策劃報告交給了老闆，並得到了老闆的讚賞。

羅馬不是一天建成的，工作也是如此。我們在面對複雜的大規劃大專案的時候，要有耐心，從微小的局部問題入手，等將局部的工作都完成以後，你會發現，大規劃大專案也迎刃而解了。

為什麼要把大規劃分解成小問題

工作中，我們常常會被一些問題的複雜性所嚇倒，進而對大規劃大專案產生一種抗拒感，能推托就推托。但是，我們是否可以嘗試一下，把這個大問題分解成一個一個的小問題來解決呢？相信分解之後，每個小問題都會輕而易舉就能解決的。將這些小問題「逐個擊破」之後，大問題也就解決了。這就跟一口一口吃掉一頭大象是一樣的道理。那麼，把複雜的大規劃分解成一個個的小問題有什麼好處呢？

1.可以從最容易解決的小事情開始，尋找突破的出口；

2.積少成多，將小問題逐個解決之後，大問題也就迎刃而解了；

3.再遠大的距離，也是有無數個「一步」組合起來的；

4.鼓勵自己對待不同的工作，要善於運用不同的思路；

5.腳踏實地，從小事情做起，逐步解決大問題。

怎樣吃掉一頭大象

把看似「無法解決」的問題，分解成一個個易於解決的小問題，這確實是一個解決難題的捷徑。我們的工作也常常是錯綜複雜的，我們很難將問題一下子完美解決，這時，我們可以將問題分解，這樣遠比毫無頭緒地尋找一個「一蹴而就」的方法要實際和有效的多。

我們也許沒有能力一次就取得一個大的成功，但我們可以積累無數個小的成功。不管哪種看似無法解決的困難，被分解之後，解決起來就輕而易舉了。那麼，我們該怎樣吃掉一頭大象呢？

1.千里之行，始於足下：把工作分成若干可立刻付諸於行動的小步驟，從第一步開始，只關注眼下進行的一步。

2.行動總是勝過不行動：如果你行動並犯錯誤，至少你在智力、情感和（或）體力方面知道了某些事情應該怎樣做。

3.持有長期的展望和計畫：時刻記得自己的最終目的。解決小問題是為了大計畫的順利完成，所以，在解決每個小計畫的過程中，都要時刻反省，這樣的解決方式是否有益於整個大計畫的進行。

4.積極樂觀，相信自己一定能夠解決眼下的困難：態度決定成敗，我們一定要保持積極的心態，主動解決問題，而不是四處推托。

5.先考慮主要情況，特殊內容放一邊：一個複雜的大計畫、大項目，即使分解成了無數小問題、小計畫，也總有許多意想不到的困難發生，這時候，我們就要看看這個難題是不是重要的，不解決它就沒辦法前進；還是說等我們做出大體框架以後，再解決也是可以的。如果是後者的話，我們就可以先把它放在一邊，首先來考慮大計畫過程中的主要問題。

6.認真解決每一個小問題：既然大計畫被分解成了無數小問題，那麼，這每一個小問題都會牽扯到大計畫最後的成功與否，所以，我們必須認真對待每一個小問題，遇到困難及時

回饋，這樣，才能保證大規劃的順利完成。

幾點關鍵，輕鬆工作

同一件事情，讓不同的人去做，效率肯定不同，有些人用很短的時間就可以解決，而有些人卻要花費很長的時間，甚至到最後也無法完美的解決。這就在於每個人思考問題的方式不一樣。我們既然知道了在面對紛繁複雜的事情時，將它分解，那麼，是否只要是將大計畫大事件分解成了一個個容易解決的小問題就算成功了一半呢？肯定不是的，即使大計畫被分解成了小計畫，也有許多需要注意的事項，只有遵守了這些關鍵事件，我們才能保證小問題解決之後，大計畫也會迎刃而解。那麼，我們還需要注意哪些關鍵事項呢？

1.遇事應該先想「有沒有更簡單的解決方法」。

2.合適的才是最好的。並不是所有問題只要想得越多越深刻就越好，只要能完美地解決問題，簡單的方法也是好的。

3.不要太過於追求統一的答案。要學會聽取別人的意見，然後融入自己的思路中，尋求更好的解決方式。

4.越簡單的事情，越要慎重。

分解大問題，關注小問題，螞蟻也能吞掉大象

我們常常說：「細節決定成敗。」在複雜的大專案中，被分解出來的一個個小問題就是該事件中的「細節」，所以，我們不僅要學會分解複雜問題，也要認真解決各類「小細節」，這樣，才能保證我們所做的一切都是為了解決最初的大規劃而努力。

將小問題順利解決，然後才能將工作中的大計畫完美地完成。學會將「大計畫」分解為易解決的「小計畫」，螞蟻也能吞掉大象，輕鬆工作不是夢，升職加薪也指日可待！

知道什麼是你的頭等大事嗎？

把老闆看重的事情安排在前

日常的工作中，為了能夠在下班前順利完成當天的工作任務，大家經常會忙的焦頭爛額，以至於經常會將某些小事件忘記，或是往後拖延。但是，後來的工作越來越忙，或者又有了更加重要的工作，於是將這些不在計畫內的臨時事情無限往後拖延。但是，這其中不乏老闆親自交代的，並且急需結果的事件。等到老闆問起來的時候，我們又不得不為自己找一大堆藉口：工作太忙了，事件不夠用，重要的事情很多，緊急的事情也很多……總之，就是自己手上的工作遠遠比這件事情要重要而且緊急，所以我們才不得已將此事延後，甚至一忙起來就「不小心」忘記了。

但是，你的老闆會怎麼看待這件事情呢？相信無論是哪個公司的老闆，都不會每天都親自來交代每一個員工一件或是幾件事情，那麼，既然是偶爾為之，相信對於老闆來說，這件事情就是很重要的。身為員工，最好是立即去解決並彙報相關情況。

你真的知道什麼才是你的頭等大事嗎？

小何，自從大學畢業後，進入一家房地產企業工作，至今已經有兩年多的時間了，從一個默默無聞的小職員到現在的老闆秘書，小何自覺為公司做出了不小的貢獻，也覺得自己在職場中，不論是時間管理方面，還是工作能力方面，自己都是數一數二的。於是，在日常的工作中，漸漸就變得有些固執，不願輕易改變自己的計畫和日程表，即使老闆有新的的任務吩咐下來，小何也只是擱置一邊，等到自己的時間合適了，或是一天的工作忙的差不多了，再去處理。所幸老闆也是很有計劃的人，每次有新的專案或是需要商討的事情，都是提前兩三天讓小何通知員工做準備，倒也沒耽誤過什麼大事情。

但是，上週五快下班的時候，老闆吩咐小何，通知各位主管週一早上將新專案的進度在例會上彙報一下，並且探討下一步的進展。小何當時在忙著總結一週的工作，寫工作報告，並制定下一週的計畫，對於老闆的吩咐，聽是聽了，但是老闆轉身剛走，就繼續投入到自己的工作中。等到忙完的時候，已經下班十多分鐘了，小何匆匆忙忙整理好自己的辦公桌，希望能在晚飯前趕回家，於是，這件事情就被忘記了。等到週末晚上的時候，小何才想起來還有這麼一件事沒有做，於是，利用手機給各位主管發通知，忙了一晚上，也只聯繫到一半的人員，而另外的人，由於各種各樣的原因，要麼關機，要麼無法接通。週一例會的時候，沒能通知到的幾位主管自然沒法準備好齊全的材料，而接到通知的，也沒有辦法在一晚上的時間裡，將上司所要求的報告完美地做好。得知事情的原委之後，老闆對小何很是不滿意，將她狠狠地教訓了一頓，甚至連以前的一些舊事也一併搬了出來，提出自己不滿地地方，並希望她能改變工作方式。

委屈之際，小何也不得不聽取老闆的意見，向以前的老闆秘書——陳姐請教，來改變自己的時間管理方式。陳姐說：「工作中，你首先要知道自己的頭等大事是什麼，而老闆安排的工作必然是要在最短的時間內完成。」小何總算明白老闆那麼生氣的原因了，於是，在以後的工作中，不論老闆安排什麼事情，小何總是認真傾聽，細心記錄，將任務的限制時間記清楚，並爭取提前完成。過了一段時間，小何漸漸熟悉這種工作方式，效率提高的同時，也得到了老闆的讚賞。

現代社會中，時間管理很重要，但是時間管理絕不是摒棄外界所有干擾，一心按照自己的計畫埋頭工作，更要注重周圍形勢的變化，老闆的臨時吩咐是很重要的一方面。如果不是很重要的事情，相信老闆也不會親自來吩咐員工，所以，哪怕只有5分鐘的閒置時間，也要先把老闆交代的事情去完成了。

為什麼要先做老闆吩咐的事情

老闆交代的任何事，可以做好，也可以做壞；可以做成60分，也可以做成80分。但只有主動的人，才會把工作做的盡善盡美。主動的人實際完成的工作，往往比他原來承諾的要多，品質要高。無怪乎，主動的人不缺乏加薪和升遷的機會；而有些人不但不會主動去做老闆沒有交待的工作，甚至老闆交待的工作也要一再督促才能勉強做好。這種被動的態度自然會導致一個人的積極性和工作效率下降。久而久之，即使是被交待甚至是一再交待的工作也未必能把它做好。這樣的員工，別人不禁要發問：他怎麼會這樣？究竟還有沒有一點點的工作能力？他還能幹什麼？

那麼，為什麼要先做老闆交代的事情呢？

1.積極、主動的工作態度不僅能夠贏得上司的讚賞，而且有足夠的時間把被交代的事情做的更好。

2.老闆指揮告訴你做什麼事情，卻不會告訴你具體的工作步驟，即時動手，才能保證所得到的資訊不會被遺漏。

3.藉此改掉拖延的壞習慣。今天能夠完成的事情絕對不要拖到明天。

4.不為自己找任何藉口，不論什麼工作，都要立刻去做。

5.留給老闆良好的第一印象。

立即行動，別給自己延誤的藉口

只有效率高的人才能擠出時間來完成更多的事，低效的工作會占滿所有的時間。老闆是世上最「心急」的人，為了生存，他們恨不能把每一分鐘掰成8分鐘。按他們的速率預算，羅馬三日建成也算慢。自然，他也要求自己的員工快速行動。如果要讓老闆白花時間等你的工作結果，比浪費金錢更讓他心痛，因為在失去的那一分鐘內能想到的業務計畫，可能會價值連城。沒有哪個老闆，能長期容忍拖延工作的員工。

作為公司的一員，任何時候，都不要自作聰明地設定工作期限，希望工作的完成期限會按照自己的計畫而後延。優秀的員工都會牢記工作期限，並清晰地明白，最理想的任務完成日期是：「昨天」。這一看似荒謬的要求，是保持恆久競爭力不可缺少的因素，也是唯一不會過時的東西。在人才競爭激烈的公司裡，要想立於不敗之地，員工都必須奉行「把工作完成在昨天」的工作理念。一個總能在「昨天」完成工作的員工，永遠是成功的。其所具有的不可估量的價值，將會征服所有的老闆。所以，在接到老闆親自交待的任務時，一定要第一時間去完成。

- 理解上級意圖
- 制訂執行計畫
- 付諸實際行動
- 校正執行偏差
- 確保執行成果
- 完善執行體系

幾點關鍵，輕鬆獲得老闆的賞識

在工作中，我們不僅要學會將時間安排的恰到好處，還要有預留的時間來處理臨時加進來的事務，因為這有可能是你工作的頭等大事，比任何重要或是緊急的工作都更加急切，比如老闆親自交待的事務。那麼，在接到老闆的任務時，只要立即著手去做就可以了嗎？當然不是，要想完美迅速地完成老闆親自交代的任務，並且不會對自己一天的工作效率產生負面影響，還要注意以下幾點：

1.即多聽，少說，多做：絕大多數情況下，很多決策規定都是老闆已經拍板了才會告訴我們，直接讓我們去執行。這個時候，我們只要聽明白老闆的話，準確領會了他的意圖，然後去執行就是了。

2.老闆交代重要事情時，要洗耳恭聽：不要輕易地打斷他，最後再將自己不明白的地方說出來，讓老闆給予更近一步的解釋。

3.站在對方立場考慮問題：比如有些事情的確存在著客觀困難，一時半刻會不好解決，而老闆又要求儘快解決，怎麼辦？換位思考，理解老闆的難處，然後跟老闆協商，通過溝通一起找辦法解決。

4.要有心理意願：只有想到，才能做到。在接到老闆授予時，要立即做好心理準備，全心全意去完成這件事情。

5.力挺老闆：在他的關鍵或危機時刻用你自己堅定樂觀的信念和卓有成效的行動結果給

予其最大限度的支持。

6. 每一個員工都需要學會表現，不僅僅在人前表現，還要在人後表現。

7. 提前完成工作會留給老闆勤奮刻苦的好印象，而拖延只會讓老闆覺得你懶散。

8. 爭取在一天的時間內完成更多的事情，將工作效率大大提高。

做好頭等大事，向上司者看齊

相信每個職場中人都想成為老闆最需要的員工，但只有那些不論老闆是否安排任務、自己主動促成業務的員工，交付任務、遇到問題後不會推托的員工，能夠主動請纓、排除萬難、為公司創造價值的員工，才是老闆最需要的員工。「聽命行事」不再是優秀員工模式，能夠積極主動，將「聽來」的命令積極做好的員工，才是老闆最需要的。只有辦好了老闆吩咐派發下來的任務，才能得到老闆的賞識，才能成為老闆身邊重要的員工，也才可能成為公司的上位者。

如何擠出更多的時間？

同一時間可以兼顧兩種以上事情

我們常常感覺時間不夠用：一天就只有8個小時的工作時間，事情確實一件接一件，沒完沒了，甚至有時候這件還沒有開始，那件就已經被催促了，一天到晚忙的團團轉，晚上偶爾還需要加班，到了週末，卻仍是沒有屬於自己的時間。

不要再抱怨時間太少，工作太多，我們的工作不會比你的上司更多，若是你覺得現在的工作都多得忙不過來，那麼，你的老闆，他們該怎麼辦？既然還有人能夠利用一天裡的8個小時的工作時間來完成更多的工作任務，那就證明我們的時間還有迴旋的餘地，還可以用來做更多的事情，完成更多的工作。

看看你身邊的同事朋友，他們是不是經常被工作所累，忙的永遠沒有自己的時間，沒有休息也沒有娛樂，不論是週末還是機器，都只能埋首於繁多的工作之中？我想大多不是的，那麼，既然都處在同樣的位置上，擁有同樣的工作時間，人家可以盡情地娛樂休息，我們為什麼只能泡在工作裡翻不了身呢？真的還是工作多時間少的問題嗎？我想我們更需要從自身的時間管理計畫或是實施中來尋找原因了。

你的時間真的百分百利用了嗎？

小林在公司已經工作了有一年半的時間了，雖然從一個普通職員升職成為了專案小組的副組長，但是因為希望能給自己規劃更好的未來，所以，在今年暑假的時候，去報了一個網路授課的培訓班，學習人力資源管理方面的相關知識。但是，每天繁重的工作，不僅讓小林沒有自己的時間去學習，在一天的工作結束之後，也沒有精力再去聽課。但是，又不捨已經繳了的培訓費，於是，每天晚上為工作忙到八九點之後，還要強迫自己去網上聽一個多小時的課程。但是，往往，不是在聽課的過程中睡著了，就是因為太晚睡導致第二天的工作很沒有精神；然後，在新一天的工作開始的時候，又忍不住打瞌睡，白天的工作效率大大降低，不得不利用晚上的時間加班，完成白天沒有完成的工作，然後，晚上再熬夜去學習……以此，長久以來，形成了惡性循環，工作效率大大降低的同時，整個人的精神也越發萎靡。

小林很苦惱，眼看專案的截止日期就要到了，而自己報名的培訓班也要進行一次考核，自己手中的專案報告卻只完成了一半，課程也沒有看多少。正急的抓耳撓腮之際，小林想到了自己科裡效率最高的另一位組長——王組長。王組長比小林早一年加入公司，經過兩年多的磨練，對公司的交易處理的迅速而得當，很少見到他加班或是為某一件事情忙的焦頭爛額。小林羨慕不已，正好趁這個機會去請教一下。

王組長告訴了小林工作中的一個小訣竅——同時兼顧兩件以上的事情，就可以擠出更多的時間，也就有了更多屬於自己的時間，去做自己想做的事情。小林疑惑不已：同一時間怎麼可能同時兼顧到兩件以上的事情呢？王組長繼續向他解釋：打個比方，在你工作到覺得勞累的時候，可以在休息的時候順便給客戶一個回訪電話或是回覆幾封不太重要並且已經拿定主意的郵件，或是在午休的時候看幾頁書，這不就是在同一時間兼顧兩件以上的工作了嗎？

小林恍然大悟，按照王組長的提議去做，經過一段時間之後，工作效率果然大大提高，不僅能在規定的時間內輕鬆完成工作，無形中竟也把自己的培訓課程看了大半。於是，在妥善處理了工作事務的同時，小林也大大積累了自己的知識，老闆對他也越加器重。

每個人的時間都是有限的，而我們卻希望能做更多的事情，我們的生活重心不光是工作，也希望能有更多屬於自己的時間。那麼，這時候我們就要努力學習時間管理，將有限的時間更加充分地利用起來，擠出更多的時間，爭取將工作在上班時間內完成，然後下班後就是完全屬於自己的時間了。

為什麼要同時兼顧兩件以上的事情

時間規劃的難點是一天時間的規劃和分類，一天一共24小時，除了上班時間外就是個人業餘時間。但是不論是上班時間的工作還是業餘時間的個人事務，很多事情都可以在吃飯睡覺的時候想，這些事情一般不是急躁就能完成的，往往思考累計到一定階段就可以水到渠成，輕鬆完成。所以，我們要把事情融入到工作中，一邊工作一邊思考，同時兼顧兩件以上的事情，日積月累，就會發現，我們可以擠出更多的時間來進行工作或是作為自己的業餘時間。那麼，同時兼顧兩件以上的事情究竟還有哪些好處呢？

1. 改變懶惰的習慣：即使休息的時候，也要工作或是學習，積累下來，就是一筆很巨大的財富。

2. 心理上得到更大滿足：相信很多人都希望自己的工作效率越高越好，同時兼顧兩件以上的事情，可大大提高做事情的效率。

3.工作學習兩不誤：在取得業績的同時，也給自己「充了電」，能夠規劃更好的人生和未來。

4.學會利用邊邊角角：時間是海綿裡的水，千萬不要小瞧那些邊邊角角的時間。如果你能利用好這些時間，那麼積累起來可是筆不小的數目。

5.學會更好的利用時間，將每一分鐘都發揮出它的價值。

6.更好更快地完成工作，留給自己更多「充電」的時間。

如何擠出更多的時間

時間管理一定要採取主動的態度而不是被動的態度。如果當工作比較緊，為了抓緊時間才進行時間管理；或者最近發覺自己有不足，所以才去確定目標進行補習，那就是被動的時間管理。因為這是在隨著目標跑，而不是讓目標隨著你跑。應該是給自己制定一個長期的計畫，比如現在的職業規劃，其實就是給自己制定一個長期計畫，然後按部就班去逐步實現，讓一切目標都屬於可控範圍之內，這才是主動的時間管理。為了擠出更多的時間，能夠做更多的事情，我們就要學會要同時兼顧兩件以上的事情。

總之，如果你每天能堅持，那麼一年下來就相當於多了一星期的工作日，這已經非常可觀了。那麼，我們究竟該如何讓才能擠出更多的時間呢？

1.工作要靈活高效：當一件事情沒有靈感或是暫時進行不下去的時候，立刻將自己調整到新的狀態，去做另外的事情。

2.利用上下班時間：比如在捷運上背背單詞，回想一下一天的工作任務，在心裡做個總結，並為第二天的工作計畫打個草稿。

3.利用好一頓午餐的時間：午餐時間通常不會有人來打擾你，所以你可以利用這段時間完成很多工作。而另一方面，如果你今天非常忙碌，那我建議你不妨利用午飯時間好好休息一下，否則你下午的工作效率將會大大降低。在這個時候，你可以去散一下步，或者到就近的游泳池遊個泳。

4.學會適當的放鬆：相信放鬆其實也是一種很好利用時間的方式，慢慢學會放緩自己的節奏，並開始更多享受自己的生活，減少自己的工作量，並開始從工作中享受到更多樂趣。

5.利用等待的時間。

幾點關鍵，更好地利用時間

時間就是生命，它不可逆轉，也無法取代。浪費時間就是浪費生命，而一旦能夠把握好自己的時間，你就掌握了自己的生命，並能夠能夠將其價值發揮到極限。這個世界上根本不存在「沒時間」這回事。如果你跟很多人一樣，也是因為「太忙」而沒時間完成自己的工作的話，那請你一定記住，在這個世界上還有很多人，他們比你更忙，結果卻完成了更多的工作。這些人並沒有比你擁有更多的時間，他們只是學會了更好地利用自己的時間而已——比如，在同一時間兼顧兩件以上的事情。那麼，在兼顧不同事件的時候，我們還需要注意些什麼呢？

1.同時兼顧兩件以上的事情：這並不是說同時開始去做不同的事情，然後，對這件事情處理一會兒再去處理另外的事情，而是說，我們要合理利用在某件事情進行中所浪費的時間，來進行新的事件。

2.理性地做決定：不要為了兼顧到另外的事情，而把手頭上的事情輕視了，如果重做的話，不僅不會提高效率，反而是浪費了時間。

3.不要打亂自己的計畫：日計畫在工作中有著重要的指導作用，不要因為任何事情而將它打亂。對於臨時插進來的重要緊急的事務，我們可以與計畫中的事情同時兼顧，同時進行。

4.不要隨意改變事情的重要緊急程度：即使要同時兼顧不同的事件，也依舊需要按照「四象限法」的規則來進行，將主要精力用到處理重要且緊急的事情。

掌控時間，成就人生

我們在短暫的一生中不可能什麼事都去做，所以我們不可以把有限的時間從事在無限的事務上，我們只有跟隨自己的意願做好自己最能做的，最想做的，最需要做的。然後，把這些事情做好，才不會感到一生的遺憾。所以我們要想把自己的事做好，就要學會有效的時間管理，不要被無關緊要的事所影響。切記「浪費別人的時間等於謀財害命，浪費自己的時間等於慢性自殺」。每天合理安排時間，充分利用時間，將每一分每一秒都極大地發揮它的作用，絕不要虛度年華。因為時間是我們的資產，是我們的財富，所以我們一定要好好管理。決不能隨便支配，一個對時間不負責任的人，就是一個對生命不負責任的人。雖然我們不能左右時間前進的步伐，但是我們可以讓時間發揮到最高價值，讓我們的人生在有限的時間內成就更大的價值！

計畫是不是可以一拖再拖？

逐項完成工作計畫，遇到困難不退縮

在面對大堆繁雜的工作時，有時候我們忍不住會先挑選一些簡單或是緊急的事情去做，而那些需要查閱大把資料或是這周用不到的文件，就會被塞到後面去了，等到時間空閒了或是緊急的事情做完了，再回頭接著處理。也許有的時候，這種方法的確能奏效，起碼讓我們在老闆規定的期限之前，將工作完成了；但是，也會有一些時候，因為當時沒能很好地處理這件事情，又因為遇到一些困難，在任務期限即將到來的時候，就亂了手腳。於是不得不放下手頭的工作，去處理急需解決的工作，甚至將整天的計畫打亂。最後，要麼加班，把計畫上的任務都完成，要麼，將一週甚至一個月的計畫，都要重新改變。

相信，出現這樣的情況時，不僅工作效率沒能如期望一般提高，反而是浪費了自己不少時間，並且打斷了工作思路。自己手頭上的事情又多，怎麼可能拿出大把大把的時間專門去為一件事情查詢資料，寫報告呢？這樣的事情，等完成其他事務的時候，放在工作的最後去做不是正合適嗎？是不是真的合適，看看結果就知道了。相信大家都看到了，這並不是最合適的處理方法。

你真的將所有工作任務都趕在計畫前完成了嗎？

小楊在學校的時候是數一數二的好學生，成績優異，做事能力強，陽光開朗，樂於助人，不管是老師還是同學們，都對他讚賞有加。剛剛進入社會，踏上工作職位的時候，也是信心十足，對工作充滿了熱情，每天都是積極主動的進行工作，查缺補漏，事事搶在計畫前。但是，很快，小楊的熱情就被繁雜的工作給淹沒了。為了應付差事，每天在進行工作的時候，都是先挑選簡單的不費時的來做，而那些複雜、需要查詢許多資料的，或者是向主管徵詢意見的工作，就被擱置到一邊了，待到主管想要的時候，才抽出來匆匆忙忙地去解決。結果，自然是不能讓主管滿意，而小楊的工作效率也並沒有比別人好一些。

眼看老闆對自己越來越不滿意，而小楊也常常把自己搞的焦頭爛額，連休息的時間都沒有。於是，小楊主動去向人力資源部的陳經理請教，希望能提高自己的工作效率。陳經理聽說了小楊的基本情況之後，向他提了一個小小的建議——改變自己的行事習慣，按照重要緊急程度，逐項完成工作任務，遇到困難積極解決，而不是束之高閣。

小楊恍然大悟，按照陳經理的建議改變自己的習慣，在每天下班前都為自己第二天的工作做一個詳細的計畫清單，然後根據計畫來完成每一項工作，並爭取趕在計畫前將工作完成，而不是拖延。一個月之後，小楊發現自己的工作狀態果然好了不少，效率也大大提高了。對於老闆所看重的事情，也有更多的時間去精細美化，妥善處理，老闆對於小楊也漸漸器重了。

工作中，不光是一成不變的例行事務，也經常會遇到一些不常見的意外事件，這些事件有的時候會遠遠超出我們工作的難度範圍，但偏偏又是公司的重要工作。這時候，你是要逃避呢還是迎刃而上？若是就此把它擱置，想必也避免不了要完成該工作的任務，但往往會花費更多的時間；而即刻就著手去做，將困難一一解決，則可以省下更多的時間。

為什麼要逐項完成工作計畫

在工作中，我們也常常會感到倦怠，這個時候，大家都會忍不住去找一些輕鬆簡單的事情來做，而將有困難或是複雜的事情先放起來。那麼，這種做法究竟會導致什麼樣的結果呢？一次拖延之後，第二次仍然忍不住想要拖延，結果，拖來拖去，就到了工作的截止日期。為了應付差事，給老闆一個交代，不得不草草了事，不僅老闆不滿意，對你頗有微詞，還在無形中養成了懶惰的壞習慣，降低了自己的工作效率。所以，我們要按照計畫逐項完成工作任務，遇到困難也不要逃避，而是想辦法去解決它。那麼，逐項完成工作任務有什麼好處呢？

1.按照計畫行事，時刻保持效率：不管簡單的還是困難的事情，都按照計畫上的時間來逐項進行，就不會打亂工作計畫，時刻提醒自己注意工作效率。

2.培養解決困難的信心和決心：計畫單上的每一件事情，都規定了開始和結束的時間，我們要在規定好的時間內解決好這件事情，就要奮勇而上，面對困難不退縮，不逃避，而是要積極想辦法去解決。

3.改變懶惰拖延的壞習慣：人都是有惰性的，遇到困難喜歡往後拖延，而按照計畫逐項進行工作，就可以遏制自己的這種想法，不許懶惰，任何事情都要積極主動地去解決。

4.養成「當日事當日畢」的好習慣：既然是屬於自己工作範圍內的事情，不論是眼下立即著手去做，還是拖延一段時間，都是避免不了的，那麼，何不在當日就去完成呢？

按照計畫做事，不再拖延

每個人都會做規劃：明天晚上去看什麼電影，下個週末去拜訪哪些朋友，明年夏天去哪裡度假……計畫有大有小，有的計畫比較符合實際，而有的計畫則不大現實，有的計畫是長期，有的計畫則屬於短期，有的計畫並不重要，而有些計畫則影響深遠……但是，如果只是制定了計畫或是規劃，而不去實行的話，又有什麼意義呢？只有在執行的過程中，我們才能隨時檢查自己的計畫執行情況，主動找出其中的問題、錯誤的假設以及遇到的困難等，並隨時在必要的地方進行修整。所以，我們要按照計畫做事，而不是一味地拖延。

1.在日常管理上下功夫：日常事務千頭萬緒，我們常常不知道該從何入手，做了這件忘了那件，所以，我們要對日常工作進行排隊分類，讓工作井然有序。

2.及時發現工作中的細小問題：隨時檢驗自己的工作進度，發現問題並加以修正，同時也可以解決掉「計畫跟不上變化」的問題。

3.清楚自己的目標和標準：每一天都要完成些什麼事情，該做到怎麼樣的程度，都要自己在心裡一清二楚，及時去實施。

4.工作的內容越是複雜，參與實施計畫的行為主體和涉及的環節越多，越需要及時著手去做。

幾個注意事項，輕鬆完成工作

無論是處於頂級或底端的人都知道列出「事務清單」的重要性，但二者之間的區別就在於：前者能夠堅持每天都這樣做，而後者卻並非如此。要想在有限的時間裡完成盡可能多的工作，其中一個秘訣就是每天都為自己的任務列出清單，把它放在身邊，並讓它來指導你每一天的具體工作。我們已經瞭解到要長期堅持工作計畫並且取得成效，就是要逐項完成工作計畫，而不是拖延，那麼，在具體的工作實施過程中，我們還需要注意哪些具體事項呢？

1.不要為無法完成全部任務而焦慮：有時候，我們並不知道在具體工作的過程中，究竟會遇到些什麼事情，具體需要多少分鐘的時間去解決，所以，在遇到額外困難的事情時，花費的時間可能要大大超乎我們的想像，以至於後面的事情沒有時間去完成。這時候，大可不必為此而焦慮，只要逐項進行工作計畫，將大部分事情都完成，這也是高效的一種表現。

2.一定要清楚每個工作任務的截止期限：若是沒有期限，就要自己給它制定一個明確的期限，隨時鞭策自己，不要懶惰。

3.遇到困難要積極主動：工作是你的，工作中的難題自然要由你來解決，不要把責任推到別人身上，或是指望老闆彙給你指路，而是要自己積極主動地尋求解決辦法。

掌控時間，提高自己的價值

時間不夠用，成了現代人的常態。事趕事，人趕人。但是如果人被事情拖著走，那麼一定出了問題，變成所謂的忙昏了頭。所以，我們一定要改變拖延的壞習慣，而是按照計畫逐項進行工作，即使面對困難的工作任務，也要主動去解決，而不是拖延或是逃避。這樣才能真正掌控屬於自己的時間，大大提高工作效率，使自己在有限的時間內完成更多的工作，提高自己的工作價值，成就自己的幸福人生。

當被一件棘手的事情絆住怎麼辦？

限定明確合理的最後期限

為了大大提高工作效率，我們常常為自己制定一系列的計畫，然後在工作中按照計畫去實施每一件事情。但是，在工作中，我們常常會遇到一些超出自己日常工作範圍的任務，不僅複雜，而且很棘手，每一個小的步驟都需要仔細地推敲，查詢資料，詢問上司意見，然後才能確定。那麼，在遇到這樣的工作時，你又是怎麼來對待的呢？若是這些工作不在計畫內，或是恰恰只在一天計畫中的一小段，是要放棄還是繼續下去，而將其他的工作任務延後呢？若是延後的話，有多少人能夠及時改變計畫，重新制定工作的開始和結束時間呢？面對棘手的工作時，又打算如何處理呢？

你真的明確合理地限定了工作的最後期限嗎？

阿超進入公司以來已有半年的時間了，漸漸熟悉了公司各個部門的職責和基本的工作流程，對於自己的職位也有了更深的瞭解，處理工作的時候也更加得心應手。阿超很滿意目前的狀態，自覺地將日常工作處理地井井有條，深得老闆的歡心。但是，這個月開始，老闆卻突然加重了阿超的工作量，不僅經常在工作時間突然派發新的任務，而且，將公司新一期的專案規劃也交給了阿超。本來就被新加進來的臨時工作搞的烏煙瘴氣的阿超更是叫苦連連，一個新型的專案規劃，怎麼可能是他一個工作才半年的新人能做的來的？這麼複雜棘手的任務，就算給他50天的時間，也未必能完的成啊。但是，既然上司已經吩咐下來了，專案也已經啟動，再換人也是不可能的了，於是，阿超不得不硬著頭皮去做。還好，在培訓期間的時候，曾聽主管講過這方面的一些事項，處理起來難度倒也不大。但是，阿超每天在處理專案的時候，還得兼顧自己的日常工作，時間一久，漸漸就覺得吃不消了，而且很多以前做起來很輕鬆的任務，現在都無法在當天完成。為了將工作進度趕上來，專案規劃也不得不擱置一陣子。等到專案進度趕上來的時候，再放下日常工作去處理專案規劃……阿超覺得十分吃力，每天都好像是被榨幹了精神一般，有氣無力，工作效率大大降低。

眼看舊的專案進度就要結束，而自己新一期的專案規劃還遙遙無期，阿超覺得自己不能再這麼拖延下去了，於是去向別組的孟主管請教。孟主管向他提了一個簡單的意見——為自己的每個工作任務都限定一個明確合理的最後期限。阿超將信將疑，但還是按照孟主管的建議去做。將專案規劃分成很多個小的步驟，對於每一個步驟都限定了一個截止日期，每天首先處理自己的日常事務，然後按照計畫去做規劃。剛開始的時候，幾乎沒有變化，但是因為有了限定日期，所以免不了要加班將當天的工作任務完成，但是一個多月之後，阿超突然發現，即使不用加班，自己也能按時完成工作任務了，而且，也沒有耽誤專案規劃的進度，甚至還能提前三五天將規劃完成。

從職場新人到管理者，每個人都需要經歷一番苦難，而複雜的工作專案對於職場新人來說自然也是相當複雜的工作，但是這種棘手的工作對於每一個想成就自己事業的人來說，自是避免不了的。那麼，在處理複雜棘手的事情中，確保不會降低自己的工作效率，給日常工作造成困擾，就要為這件工作限定一個明確合理的最後期限，隨時提醒自己工作的進度。

為什麼要限定最後期限

時間是巨大的競技場，展示出不同的界限觀念。你可能也注意到了：不同人的時間觀念不大一樣，對時間的理解也千差萬別。比如，在有些人眼裡，早上10點的約會在10點到10點45分之間到都是被允許的，而對於另一些人來說，超過10點就是遲到了。有人習慣等到最後一分鐘才完成任務，而也有些人，永遠能夠提前完成任務。你可能討厭跟你約會遲到的人，那麼，作為老闆，同樣不會喜歡總是在最後一刻才能完成任務的員工。所以，我們必須要為自己的工作限定一個合理明確的最後期限，確保每一天的進度，不要拖到最後一刻才慌慌張張匆匆忙忙去做。那麼，限定最後期限有什麼好處呢？

1. 時刻提醒自己不要拖拉：當某一件事情很棘手的時候，我們就會不自覺地給自己更多更寬鬆的時間來處理，然後就會漸漸開始變得拖沓。若是給每一個事件都限定一個合理明確的期限，就會不自覺地催促自己加快進度，時刻保持高的工作效率。

2. 給自己加壓，使注意力高度集中：這種目標明確，限定速度、限定準確率的工作，會讓自己在高中高度集中注意力，全心全意去完成當下的工作，效率自然也就得以大大提高。

3.將無關緊要的事情簡潔化：面對重要工作時要儘量用簡單實用的方法來解決，為自己節省出更多的時間，也能夠適度將工作計畫提前。

4.確定切實可行的工作重點：因為限定了工作任務的截止日期，在進行的過程中，就會不由自主的將大多數時間轉移到重心上來，而將不是很重要的部分省略或是簡化。

5.清楚地明確自己的目標，一切工作都圍繞目標而展開。

怎樣確定明確合理的最後期限

有較好的時間觀念和效率意識對能否合理安排工作時間尤為重要，因為工作要想出效率，必須要有合理的時間安排，而合理的時間安排是建立在有較好時間觀念之上的。「對於時間的安排我們要有主動性，就是要安排做事的時間，不是由事情來占滿你的時間」，這句話真正體現出時間需要安排的重要性。隨著生活節奏的加快，越來越多的事情需要我們來做。在工作之外，我們還要照顧到家庭、社會、朋友等各方面的事情，而如果不能合理的安排這些工作，將影響其他的生活。所以，對於每一項工作任務，我們都要確定一個明確合理的工作期限。那麼，該怎樣來確定這個工作期限呢？

1.職責明確：設計好各個環節，並確保每個環節都有足夠的時間來完成，然後才能確定一個明確合理的最後期限。

2.明確利益關係：這個工作會為誰帶來利益，能夠帶給自己或是公司多大的利益，然後值得花費多少時間來計畫並完成。

3.主動承擔責任：不要把工作任務當成是負擔，戰戰兢兢，害怕承擔責任，而是要積極主動地擔起自己該承擔的責任，認真做事。

4.工作中要分清主次：對於重要而緊急的任務，優先確定合理的截止期限。工作任務細而碎的時候，要求我們必須分清優先次序，哪些是在某一時間內必須完成的，哪些是當天時間內完成的，哪些是可做與不可做的等。然後就一件一件的完成，不要同時進行多個工作，否則你就會顧此失彼，而且總感到時間不夠用，下班回家時總覺得累得精疲力竭卻又覺得好像還有很多事沒有做完。

注意關鍵事項，趕在計畫前完成工作

對於當天的任務我們要保質保量地完成，避免惡性循環。因為沒有完成的工作，就會制約第二天的工作，為了完成工作就必須加快步伐趕進度，這樣又會使你更加疲憊，降低效率。所以，我們一定要趕在計畫前，把日程表上的工作都完成。這時候，我們就需要為自己的工作制定一個合理的截止期限，確保工作順利按時完成，那麼，在制定這個期限的時候，我們還要注意些什麼呢？

1.即使上司沒有交代什麼時候完成的工作，也要自己給自己的工作任務制定一個完成的最晚期限時間，而不用一味地拖延下去。

2.有明確規定期限的工作任務，要儘量趕在計畫前完成，不要到最後一刻才衝刺。

3.適度分配工作時間，不要為一件事情耗費大量時間，也不要讓繁瑣的小事絆住腳步。

4.不要輕易改變計畫，而要試著做出調整。

掌控工作，輕鬆完成任務

時間是公平的，是相等的！那為什麼有些人工作中很輕鬆，有些人卻很累，關鍵在於你是否把握住了時間，是否靈活運用了時間。在長時間工作中，我們對自己的工作可以說相當熟悉，我們要從中發現一些技巧，發現一些快捷的方法和一種合理地、統籌地安排時間的方法，善於統籌時間，活用技巧來節省時間。

這時候，我們就要學會一些相當的技巧，來掌控時間，掌控工作，爭取事事都能及時完成，而不是次次都需要衝刺。若干我們能夠將工作任務輕鬆掌握，熟知每一件事情的進度以及截止期限，那麼，我們在工作中就會節省大量不必要的時間，從而大大提高工作效率。

你的工作是否老在「最後衝刺」？
讓進度安排適當前緊後鬆

我們常常覺得時間不夠用，於是把不太緊急，不需要立刻完成的工作任務往後拖延，以期能夠在規定的時間內將當天的任務完成，然後第二天再處理後天所需要的工作文件和工作報告之類的東西。即使有時候有充足的時間來完成某一項工作任務，也總有一些人「不見棺材不落淚」，前期工作鬆散拖沓，到了衝刺階段，才手忙腳亂地去處理。結果，不儘沒有做好，還搞得自己打亂了一天的工作計畫，工作效率大大降低。

不妨來看看身邊的同事夥伴，他們是否也跟自己一樣，即使每天都看上去很忙，可是仍有到了期限卻無法完成的工作？

如果不是的話，那就要好好來考慮一下自己安排工作時間的方式方法，是否有不正確或是不合理的地方。

你真的合理安排好了自己每一天的工作進度了嗎？

小穎是同一屆大學畢業生裡面比較有實力也比較幸運的一個，還未畢業的時候，就已經拿到了當地一所大型企業的工作。小穎對於自己的工作也充滿了信心和期待，期望能在自己的工作職位上實現人生價值。起初的兩三個月的時間，因為一直在熟悉公司情況和小組的運作，小穎並沒有接到太多的工作任務，每天都很輕鬆，對於小穎來說，這些工作也過於簡單。於是，小穎總喜歡把事情堆到一起，在前面的時候，鬆散拖沓，邊玩邊做，而等到差不多快到工作截止期限的時候，再去統一處理。但是，最近，上司卻派發給了小穎更多的工作任務。因為事情多了，小穎不得不從接到工作的第一時間就開始工作，也沒有在工作中玩耍娛樂，但是，到了任務截止期限，卻仍舊還有好多工作沒有完成，小穎焦急不已，不得不利用晚上週末的時間加班衝刺。即使這樣，因為後面的工作做的太匆忙，老闆對於小穎也不是很滿意。

小穎苦惱不已，決定向辦公室的劉主任請教。劉主任向小穎提了一個建議——工作的時候要「先緊後鬆」。在工作的初期，要一鼓作氣，將工作的進度儘量往前趕，到了快結尾的時候，反而可以輕鬆許多。小穎恍然大悟，按照劉主任的建議，重新安排自己的工作進度，在工作的前期，將進度安排的緊一些，儘量完成更多的工作，而到了後期，若是時間不緊張的話，澤可以適當放慢速度，並查漏補缺，將細節完善。一段時間之後，小穎發現自己的工作效率果然提高了好多，再也不用「臨時抱佛腳」，在工作的截止期限之前努力衝刺，而且，因後期有了較多的時間，也得以能對自己的工作進行完善。上司對小穎的工作也很滿意，更加器重她，並在半年後提拔她做了專案的策劃負責人。

工作的過程中，尤其是進行長期工作的時候，我們總會覺得時間還早，所以對工作任務

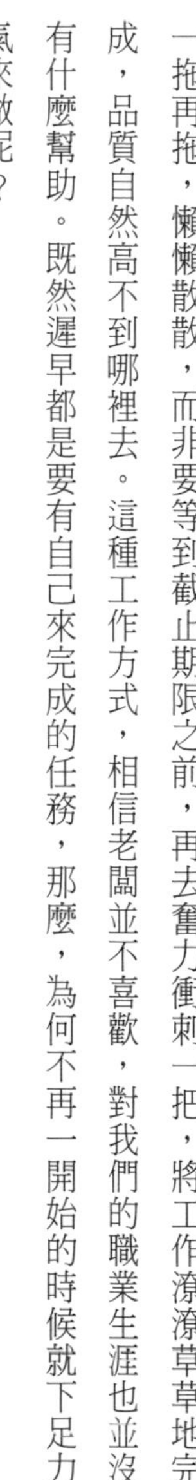

一拖再拖，懶懶散散，而非要等到截止期限之前，再去奮力衝刺一把，將工作潦潦草草地完成，品質自然高不到哪裡去。這種工作方式，相信老闆並不喜歡，對我們的職業生涯也並沒有什麼幫助。既然遲早都是要有自己來完成的任務，那麼，為何不再一開始的時候就下足力氣來做呢？

為什麼要安排工作「前緊後鬆」

在進行工作的過程中，我們總免不了會多多少少有些惰性，總會覺得時間還早，不用太急，所以，在任務過程中，也會從心理上有所放鬆，沒有確切的時間概念。因為在一開始的時候，我們對自己的工作任務的進展常常缺乏一個整體的瞭解，不知道這個任務的具體有多難，要花費多長時間來解決。如果這時安排得太鬆，隨著時間的推移，我們就可能會發現後面還有許多原先沒有想到的工作任務要完成，時間就會顯得「不夠用了」。所以，在早期可以儘量多安排一些內容，這樣就可以有更多的時間來安排自己後面的工作了。那麼，安排工作「前緊後鬆」有什麼好處呢？

1.給工作任務預留了完善和美化的時間，能夠將工作完成的井井有條。

2.保障計畫不被打亂。工作進行過程中，總會遇到一些意外的事件，「前緊後鬆」的工作計畫可以給這些處理這些意外事件留出一定的時間。

3.將工作進度往前趕，確保能按時、按質、按量地完成任務。

4.趁著剛開始時的工作熱情，完成儘量多的工作。不可否認，在工作中，我們總會有一些倦怠性，那麼，在倦怠期來臨之前，若是能完成多數工作的話，就不用擔心工作會被延後或是無法在規定時間內完成了。

5.改變拖延懶散的壞習慣。每天給自己制定一個詳細的計畫，督促自己按時完成。

怎樣安排進度「前緊後鬆」

俗語云：「早起三光、晚起三慌」。抓得早抓得緊，往往會主動贏得時間，迴旋餘地大；抓得晚抓得鬆，處處受掣，時間使用上會捉襟見肘。要想贏得時間，就必須抓住每一分、每一秒，不讓時間空白度過。明天還沒到來，昨日已過去，只有今天才有主動權。如果放棄了今天，就等於失去了明天，也就會一事無成。因此，我們要珍惜和安排好每一分每一秒的時間。那麼，怎樣安排工作進度的「前緊後鬆」呢？

1.制定詳細合理的工作計畫。將工作任務的大部分都放在前期內完成。

2.認真積極地執行工作計畫，每天都要遵照制定好的計畫來進行一天的工作，只許提前，不許延後。

3.每隔三五天，抽出一點的時間來處理工作中的意外事件或是任務進行過程中遇到的難題，確保工作進度不會停滯。

4.將複雜長期的工作任務分成不同的小部分，然後對每個小部分規定一個開始和完成的時間，嚴格按照時間來處理工作。

5.為自己制定一個合理的時間表，督促自己不要拖延，而要首先完成工作。

關鍵幾點，不再「最後衝刺」

可能有的人會說：即使之前做了周全合理的計畫，可是在執行的過程中，事情的進展也不一定按照自己所想像的那般來發展。這時候，即使「前緊後鬆」，時刻提醒自己，任務的進度，也不一定能夠如料想的那樣，順利完成工作任務。那麼，在執行「前緊後鬆」的工作態度時，我們還要注意哪些事項，才能確保問題不會發生？不會干擾到我們所制定的的計畫？

1.「前緊後鬆」並不是一味地將工作任務提前，而是要確定好「最早開始時間」和「最早結束時間」以及「最晚開始時間」和「最晚結束時間」，確保工作不會被延誤。

2.時刻牢記時間的重要性，記住工作的截止期限，按時完成每一天的工作任務。

3.隨時檢查自己的階段性目標的完成情況。

4.每週進行一次查缺補漏，把工作中的難點找出來解決掉，不要影響到後面的工作進度。

5.針對工作中出現的問題，進一步修改、調整工作計畫。

輕鬆完成工作，升職加薪不是夢

合理安排好工作時間和工作進度，相信在我們的日常工作中，就可以大大提高工作效率，在規定的時間內完成更多的工作任務，從而在工作任務臨近末尾的時候，有更多時間查漏補缺，完善工作內容，將老闆安排的工作做的至臻至善。只有讓老闆滿意了，確實給公司帶來了利益，我們所做的工作才是有意義的。也只有輕鬆完成各項工作任務，才能得到老闆的器重和青睞，從而實現升職加薪的夢想！

如何擁有忙裡偷閒的愜意？
把休息作為獎勵送給自己

我們每天都被一堆的事情纏身，為了能夠儘量多的完成工作任務，每天都忙的焦頭爛額，腳不沾地。但是即使如此，也總會覺得時間太緊了，工作太多了，老闆太苛刻了，這麼多的工作，根本沒有辦法在規定的時間內完成。

但是，真是如此嗎？在我們習慣性地抱怨之前，不妨先來看看同事們的工作狀態，他們是否也跟自己一樣，犧牲了吃飯和休息娛樂的時間，一刻不停地進行工作，結果卻還是需要加班？如果不是的話，那麼，肯定是我們自己的工作效率出了問題。

你真的合理安排了自己一天的工作和休息時間嗎？

小南在大學的時候並不出色，畢業的時候也是靠著運氣好才能進入了一家大公司，於是，本著「勤能補拙」的理念，小南在工作上一直盡心盡力，兢兢業業，一刻也不敢放鬆。但是，即使如此，小南依舊覺得自己的工作任務量太大了，時間太緊了，要在規定的時間內完成幾乎是不可能的事情。於是，每天吃午飯的時間，也能看到小南一邊端著飯盒一邊翻看文件；連上廁所都是急匆匆的樣子，至於喝茶泡咖啡，更是很少見；有時候下班了，小南也依舊埋在文件堆裡，繼續工作……

一段時間之後，小南發現自己的工作效率不僅沒有提高，反而每天都有更多剩餘的事情沒有完成，心裡焦急不已。相反，同一辦公室的林姐，每天比自己要處理更多的事情，人家卻能按時完成工作，很少加班，甚至午飯過後還有時間去散散步，喝杯茶。小南羨慕不已，決定向林姐討教經驗。

林姐瞭解了小南的情況之後，向他提了一個建議——在工作中，也學會適當的進行休息。經過一上午的辛苦勞作之後，人的精神狀態和生理都會有一定的疲乏感，這時候，不妨利用午飯時間，走幾步路，喝杯咖啡，或者看幾頁書，休息一下，就當作是自己辛苦的工作獎勵。這樣，到了下午的工作時，肯定又可以精神百倍，工作效率自然也就大大提高了。

小南恍然大悟，按照林姐的建議去做。一段時間之後，果然發現自己處理工作的效率提高了不少，不論何時，都能保持清醒的狀態，工作的時候精神奕奕，思路清晰，自然速度也就變快了。

我們常常覺得不浪費時間就是最好的工作狀態，但是，真正的高效工作，則是要學會適當的休息，只要保持了高度的集中注意力和思路，才能確保工作儘快被解決，也從而能夠高效工作。所以，我們在日常工作中，不光要埋頭苦幹，還要「忙裡偷閒」，給自己的精神來個放鬆。

為什麼要「忙裡偷閒」

當一個人把全身的每一個細胞都活動起來，全身心地投入到他內心渴望完成的工作中去時，我們常說這個人以最佳狀態在工作。良好的精神狀態具有一種化腐朽為神奇的強勁力量，能把許許多多的「不可能」轉變為「可能」。

良好的精神狀態是誕生高績效的沃土，這正是老闆期望看到的。失去了工作激情，高績效的萌芽就會「夭折」，你的身價就會貶值，由一名前途無量的員工變成一名平庸的員工。因此，為了避免這種現象的發生，就算工作不盡如人意，就算工作讓你感覺單調乏味，你也不要愁眉不展、無所事事。無論發生了什麼事情，都要用積極的精神狀態掌控自己的情緒，讓高績效「萌芽」茁壯成長起來。所以，我們要學會「忙裡偷閒」，在疲乏的工作中為自己尋找解決的方法，時刻使自己處於最佳的工作狀態中。那麼，「忙裡偷閒」究竟有什麼好處呢？

1.使自己時刻保持最佳的精神狀態；

2.對工作充滿信心和熱情；

3.時刻保持好的心情；

4.能夠預防諸如「頸椎炎」之類的疾病，保持身體健康；

5.勞逸結合，才能高效；

6.給大腦充充電，才能保持思路清晰。

怎樣「忙裡偷閒」

讓自己保持對工作的積極主動，是保持工作活力的最有效方法，但要做到這一點有一定的難度。工作並非只是一種謀生手段，工作更是自己成就一番事業，建立功績的一種有效途徑。保持激情，就要給自己不斷樹立新的目標，挖掘新鮮感；把曾經的夢想揀起來，找機會實現它；審視自己的工作，看看有哪些事情一直拖著沒有處理，然後把它做完……在你解決了一個問題後，心中自然就會產生一些成就感。這種新鮮的、激動人心的感覺，就是讓激情每天都陪伴你的良藥。要做到這些，就要學會「忙裡偷閒」，讓自己始終有一個最佳的工作狀態。那麼，怎樣才能做的「忙裡偷閒」呢？

1.完成一件工作，在進行下一個任務之前，喝一杯杯咖啡，遠眺一下；

2.趁著去洗手間的時間，伸個懶腰，做個「伸展運動」；
3.午飯過後，散散步，看看路邊的風景，調節一下沉悶的氣氛；
4.時間不是很緊迫的時候，到網上遛個彎，看看笑話聽聽音樂；
5.工作進行不下去的時候，可以看幾頁書或是翻翻報紙，換個思路；
6.抽空打個小盹兒。

「勞逸結合」，而不是一味的休息

保持高效的工作，並不是說一味地在進行工作，而沒有休息，這樣只會導致我們後面的工作很沒有精神，並不能如願達到高效的效果。只有勞逸結合，才能真正高效。在工作中，要是能學會「忙裡偷閒」，讓自己的精神和生理狀態都保持在最佳的水準上，才能準確快速地找到工作的要點和切入點，順利按時完成工作任務。那麼，「忙裡偷閒」還需要注意些什麼事項呢？

1.「忙裡偷閒」不是一味的休息，而是要「勞逸結合」；
2.休息也要選擇恰當的時機，不要在最忙的時候去「偷閒」；
3.休息並不一定要睡覺，散散步、看看雜誌、喝杯茶這都算是休息；
4.可以適當做點自己感興趣的事情，但要注意一定要以工作為主。

精神飽滿，工作也能變假日

在正確的時間，出現在正確的地方，面對正確的物件，做正確的事情，是高效率工作並獲得成功的根本。這就比如，在精神疲乏的時候，要懂得適當休息，然後以更加飽滿的精神去進行下面的工作。

只有在工作中積極完成任務，得到老闆的獎賞和同事們的認可，我們的工作才是有價值有意義的，也只有這樣，我們才能在工作中享受到愉悅的樂趣和極大的成就感。精神奕奕地完成每一項工作，實現自己在工作職位上的人生意義，即使在任務繁雜的工作日，我們也能享受到假日一般的優越感！

如何不被小事降低工作效率？
把所有的瑣事放在一起，集中時間處理

日常工作中，除了專案之類的大事件，還有許許多多的小事務，需要我們去解決，比如，回覆郵件、回訪不同的客戶、整理檔案、為老闆寄個快遞、到櫃檯取快遞……這些事情也會在一定程度上花費我們不少的工作時間，從而降低工作效率。

不要找藉口，說這些事情即使很小很簡單，也需要花費大量的時間；或者說這些不是自己工作範圍內的事情，把它推給別人；或是理所當然地拿這些事情為自己沒能完成的工作任

務辯解。看看自己身邊的同事，他們是否就可以不用去做這些瑣碎繁雜的小事情，或者做了這些小事之後，就可以理所當然地將正經工作延後？既然不是，那麼，肯定又是自己管理時間出了問題，所以，沒能達到理想的效果。

你真的沒有被小事降低工作效率嗎？

小安是公司的辦公室行政人員，每天都會面對一些繁雜瑣碎的小事情：擦桌子、倒垃圾、收發檔案、傳真、回覆客戶電話、寫工作日誌、安排會議……再加上自己的日常工作，本來就一直忙的不可開交，還經常被同事和主管臨時插進來一些事情：「小安，幫我寄個快遞！」、「小安，幫我拿一下上週的報表。」、「小安，我想看一下這周的考勤統計。」……即使有時候正專心致志地做自己的工作，但突然被迫去幫主管或同事去做一些事情之後，再坐下來的時候，思路已經蕩然無存。再恢復到原先的狀態，會浪費不少的時間；有時候，為了處理一個客戶的投訴電話，也不得不花上半個小時甚至一個小時的時間；或者，有些時候，自己正忙，老闆卻召集全部員工開會，這又好幾個小時……即使小安每天勤勤懇懇，兢兢業業，也總免不了要在晚上或是週末，犧牲自己的休息娛樂時間，將未能處理完的事情做完。

剛開始的時候，小安覺得：也許是自己還不熟悉公司業務流程，所以工作起來有些慢，效率不高也是正常的，但是，已經大半年過去了，小安還是在繼續著這樣的日子，沒有休息，沒有娛樂，甚至有些時候還要把工作帶回家；工作的時候，為各種事情跑來跑去，老闆一有吩咐，立刻放下手頭的工作，即刻去做。小安覺得心力交瘁，這樣的工作實在太累了。

公司組織春遊的時候，小安跟公司專案組的劉姐住同一個房間，晚上兩人聊天聊的很愉快，小安忍不住將自己工作中的焦慮和困難向劉姐傾訴了。劉姐聽完之後，向小安提了一個小小的建議——善於利用時間，將相同的瑣碎小事集中到一起處理。比如在自己去洗手間或是裝水喝的時候，順便幫上司也一併裝了，這樣就不用跑兩次；幫老闆寄快遞的時候，順便幫公司其他人的信件一起取回來，發到每個人手裡；將報表和考勤統計貼到公佈欄上；在開會的時候，將自己一週的情況做個匯總，在會上一併說了……小安恍然大悟，按照劉姐的建議去做，每天在上午中午下午各抽出一個小時左右的時間，來處理各種瑣碎的小事，然後其他時間集中注意力做自己的日常工作。一段時間之後，果然發現自己的工作效率大大提高，再也不需要加班，而且，偶爾還能在午飯之後小憩一會兒，整個人精神多了，工作的時候也更加得心應手。

工作中，我們常常很緊張，感覺自己的時間不夠用，這件事情還沒有做完，那件事情又被派到了手邊，但是仔細回想的時候，發現自己並沒有做多少有意義的事情，這是因為我們把很多時間都浪費在了處理各種各樣的小事情上。所以，我們就要學會將各種瑣碎小事集中到一起處理。

為什麼要將小事集中到一起處理

人們的時間很少花費在他自己想要花費的地方。人們常常錯誤地認為，自己的時間正用於應該用的地方，並沒有認識到他現在的行為正是在白白地浪費時間。比如放下手中的重要工作，而抽出時間去特意處理各種臨時的或是意外的小事件。

人們往往忽視做事所要達成的目標，或者忘記做事所要達到的預期效果，而把精力全部集中在隨時發生的事情或活動上，遇到什麼事情就去處理什麼事情。終日忙忙碌碌而漫無目標，漸漸成為他們的生活和習慣。這些人們趨向於活動型而不是效果型，他們不是去支配工作，而往往是被工作所左右；他們把動機誤作成就，把活動誤作效果，這樣，自然就大大降低了我們的工作效率，為了避免這些情況的發生，要學會將各種隨機的或是固定的小事件放到一起，集中處理。那麼，集中處理各種小事究竟有什麼好處呢？

1.正在進行中的工作思路不會被打斷；

2.將主要時間和精力花費在重要的事情上；

3.相同事件集中在一起，不需要隨時轉換工作思路；

4.節約時間，提高效率；

5.明確自己每一天的工作目標，而不是被繁瑣小事纏住；

6.有計劃有目的地做事。

怎樣才能不被小事降低工作效率

英國哲學家羅素說：「假使人們在決定一些瑣事上，不浪費太多的時間的話，那麼，他們一定能完成更多的事情。人們往往因為拼命想把每一件小事都做得完美無瑕，因此在大事上總是一事無成。」

對於一些無關緊要的生活小事，最快的決定就是最好的決定，應該把寶貴的時間用在最值得花費的地方。所以，我們在處理瑣碎小事情的時候，一定要儘快將它歸類，待到合適的時間再一併處理，而不要遇見一件去處理一件，將大好的時間無端浪費掉。那麼，怎樣才能不被小事降低工作效率呢？

1.快刀斬亂麻：遇到瑣碎小事，要立刻確定它的價值以及合適的處理時間，而不要磨磨蹭蹭浪費時間。

2.不要吹毛求疵：很多時候，這些瑣碎小事並沒有太大的價值和意義，所以，不要花費大量時間在上面，力爭做到最完美——那只是在浪費時間。

3.立即行動：不要把時間花費在思考怎麼去做，要立即行動。

4.杜絕無意義的電話。

5.如果會議時間過長，試著做些事情，不要把時間浪費在冗長而意義不大的會議上。

6.認真工作，儘量不要重做。

幾個關鍵事項，大大提高工作效率

應接不暇的雜務明顯成為日益艱巨的挑戰。許多人整日形色匆匆，疲態畢露。放眼四周，「我好忙」似乎成為了人們共同的口頭禪，忙是正常，不忙是不正常。

為了改變這種「焦頭爛額」、「應接不暇」的工作狀態，我們必須學會合理有效地利用時間，在正確的時間做正確的事情，不要把時間浪費在無關緊要的事情上。所以，我們把相同類型的瑣碎小事放在一起處理，為自己節約更多的時間，從而提高工作效率。那麼，將各種小事集中在一起處理還需要注意哪些事項呢？

1. 一定要按照事情的輕重緩急來做事。瑣碎的小事並不一定就是沒有任何價值的無聊之事，若遇到重要的小事，也要在第一時間去處理。

2. 即使是小事，若是固定的，也要寫進日程表或是計畫表。

3. 磨刀不誤砍柴工。處理工作之前，一定要明確方法。

4. 做工作的主人而非奴隸。

5. 注重結果，減少過程細節所花費的大量時間。

擺脫煩瑣，不再把工作帶回家

既想在工作上做出一番令人刮目相看的成就，又想過著自在愜意的生活。可是，結果總是兩頭不討好，往往得到了這個，就得失去那個。很多人的現狀都是這樣的。為什麼會如此呢？原因很可能出在把工作與生活混為一談上。其實，工作就是工作，生活就是生活，如果錯把謀生的工具當成人生的目標，而且太把它當回事，就會把自己弄得一團糟。

其實，工作與生活是兩回事，應該用兩種不同的態度來看待。工作上，不管你從事何種行業，你演的只是職務的角色；而回到真實生活裡，你要演的才是自己。在工作中，要學會善於利用時間，積極主動，提高工作效率，將工作在8小時內完成，而不要再帶回家。離開公司，就是自己的私人生活了，不要再去想工作中的事情，而要全心全意享受生活。

這個世界上有那麼多有趣、精彩的事物，值得去發現、去探索、去研究，而工作只是其中的一部分而已，我們千萬不能因為工作而失去生活、失去自己。

第四課 工作效率飆升的妙招

在今天這個社會高速發展的時代，「時間就是金錢，效率就是生命」已成為人盡皆知的名言。而效率的高低，又是和節約時間密不可分。爭取了時間，就能創造更多的價值，獲得更高的效益。因此，講求效率，實際上反映的是人們對時間更加重視。不講究時間和效率的社會，只能是死氣沉沉的社會。消沉、懶惰、貪閒，會使一個人退化甚至消亡！因此，珍惜時間，提高效率應該成為人們必備的高度價值觀的重要標記。

杜拉克指出，做事具有高度效率的人，未必是所謂聰明的人，也未必是知識淵博的人。也就是說，辦事的高效率不一定與一個人的聰明才智劃等號。那麼，如何才能有效呢？

杜拉克還指出：有效性是可以學習的。工作的效率可以從學習中得來，其思想是把辦事講求效率當作一種日常要求和習慣，其方法就是講究時間運籌，那麼，你就會逐漸提高你的工作效率。

「準時」上班真的是最有效率的嗎？
與其加班不如提前上班

我們每天早上都匆匆忙忙地進入辦公室，急躁不安地整理辦公桌和相關檔案，然後慌慌張張地開始一天的工作。回應不完的電子郵件、接不完的電話、以及看不完的公文跟處理不完的公事——然而這些工作上煩人惱人的事情，卻老是導致你沒有足夠的時間去思考真正與工作密切相關的重要事項。

那麼，我只能說，出現這樣的問題，肯定是你自己的時間管理方案或是工作安排出了問題。

你真的覺得「準時」上班是最有效率的嗎？

小曼在公司工作已經有大半年的時間了，從最初的兢兢業業認真完成每一項工作，到漸漸變得倦怠，每天都在最後一刻匆匆忙忙進入辦公室，然後坐到自己辦公桌前，喘口氣，再整理一天要處理的文件，等忙完這些，已經上班半個多小時了。接下來，因為上班的時候太趕了，腦子裡一片迷糊，於是只得先去處理漫無邊際的郵件回覆和電話。等到恢復了精神，再去處理日程表上的事務時，一個上午已經快要過去了。吃過午飯，休息一會兒，這才開始把心思集中到日程計畫上，處理這一天的重要緊急工作。一下午的時間自然是不夠用的，於是，到了下班的時間，小曼依舊埋頭在工作裡，等到很晚才勉強將工作做完，然後疲憊地回家。因為晚上勞累到很晚，第二天自然就沒有辦法早起，於是重複前一天的循環，在最後一刻趕到公司，繼續浪費上午的時間，然後晚上又不得不加班……長此以往，漸漸形成了惡性循環。

小曼也覺得自己不能再這麼下去了，每天都加班到深夜，這種工作狀態讓她覺得格外疲憊，但是，又不知該用什麼方法來提高自己的工作效率，確保能在下班前完成各項緊急重要的工作。於是，通過好友的介紹，小曼去向人事資源管理部的李經理請教。李經理聽完小曼的傾訴之後，向她提出了一個小小的建議——與其加班不如每天提早到辦公室，利用早到的時間，收拾一下自己辦公桌，將自己的狀態調整到最佳，然後，做好一天的日程計畫，到了上班時間，就可以自然而然地進入到狀態中去了。小曼按照李經理的建議去做，果然，一段時間之後，工作效率大大提高，再也不需要沒日沒夜地加班了，而且，還能抽出時間看幾頁書或是中途休息一下。因為不用再熬夜，整個人的精神狀態也好了很多，工作的時候，更加精神百倍，快速而準確。

我們經常習慣懶惰卻不能隨時習慣勤奮，在工作中也是一樣，恨不得恰巧趕在最後一秒進入辦公室。但是，這樣做的後果就是，我們不得不利用上班的時間來做一些與工作無關的事情，浪費了時間的同時，也使得自己的日程計畫完全成了擺設，工作效率大大降低。所以，我們要試著提前一點到辦公室，為自己一天的工作做好準備。

為什麼要提前上班

雖然每個公司都有一個明確的上班時間，但是，誰也無法保證，我們剛好可以在最後一刻趕到公司，開始工作。而且，面對一天要做的一大堆事務，在開始之前，我們也不能保證在明確的幾個小時內就能完成。所以，為了萬無一失，為了能按時下班，而不會耽誤自己的私人時間，我們不妨提早上班。那麼，提早上班究竟有什麼好處呢？

1.用愉快的心情上班：提早起床，可以讓我們有充足的時間吃早飯，然後給自己畫個漂亮的妝，心情愉悅地去上班。

2.避開上班高峰期：不僅可以有座位，而且能在途中安靜地看會書或是做個簡單的計畫。

3.若是公司離家不遠，可以步行過去鍛煉一下身體，看看路邊寧靜舒爽的清晨景象。

4.趁著上班前的空檔，給自己沖一杯咖啡，攤開資料，細細檢討各方面的細節。

5.工作開始前，為自己一天的日程做個詳細周到的計畫。

6.上班前的安靜環境，很容易讓人集中精神，將自己的狀態調整到最佳。

怎樣才能不再加班

常常加班，並不是一個好現象，不論是對於公司還是普通員工。每個人的精力都是有限的，加班耗費了許多時間，可能導致睡眠不足或是第二天精神不濟，本來可以輕鬆完成的事情，因為這些緣故而沒有辦法按時完成。相信大家對於「加班」一詞也是深惡痛絕的，那麼，怎樣才能改變加班的現狀，而不再需要加班了呢？

1.提早上班，提早進入工作狀態；

2.工作中放棄閒聊等與工作無關的事情；

3.善用時間，工作中的每一分每一秒都要過的有意義；

4.讓自己有明確的目標和規劃；

5.學會分配工作，並確定他們的優先次序。

開心工作，完美生活

快樂工作，快樂生活是現代人追逐的一種時尚，也是每一個人都嚮往的最高境界。工作的時候，在工作中盡職盡責，兢兢業業的作好自己的事情。下班了，盡情的去享受生活，即使是走在夏日的陽光裡，感覺也是愜意的。

特別是在休息的日子，可以完全去做自己喜歡的事情，聽聽音樂，看看自己喜歡的書，也可以上上網，聊聊天，感覺生活是多麼美好啊！

周而復始，工作、生活永遠是生命中不可分割的主題，因而我們一定要調整好自己的心情，快樂工作，快樂生活，才無愧於自己寶貴的生命。

檔案資料，找啊找啊找不著？

把書桌上檔案資料建檔、歸類

我想，很多人都做過這樣的事情，每天早上來到辦公室之後，要做的第一件事情，便是整理辦公桌，將已經做完的收起來，還未來得及做但是很緊急的放到手邊，暫時不需要去做的事情歸到資料夾裡，然後才開始按照日程表的計畫進行工作。但是，進行完一項任務打算去做下一項的時候，還是要從一大堆檔案裡翻一遍，然後才能找出自己需要的，而每一次工作前都要重複如此的動作。

試想一下，將三番五次翻看檔案的時間用來工作的話，又能處理多少的事情呢？若是把這些時間都一分不落地用在重要緊急的工作中，還需要沒日沒夜地加班，甚至犧牲自己的娛樂休息時間嗎？那麼，為了將這筆客觀的時間節省下來，完成更多的工作，也為了自己能輕輕鬆松完成一天的工作任務，我們是時候該改變一下自己的工作方式了。

你真的將文件都建檔歸類了嗎？

小瑩是個大咧咧的女孩子，即使以前在學校的時候，也經常把自己的宿舍搞的亂七八糟，連找本書都困難。到了工作職位上，繁多的工作任務壓下來，為了每天都能夠按時完成工作，小瑩更加不會在意亂糟糟的辦公桌，亂放東西的習慣更是變本加厲。每次工作之前，都要先從一堆檔案裡找出自己需要的那一份，然後埋頭處理，等處理完了，就把它隨意塞進資料夾裡，然後再去文件堆裡尋找下一個需要處理的專案……其結果就是，一天下來，小瑩也不知道自己究竟做完了哪些工作，東西都放在哪裡了。等到老闆哪天需要的時候，小瑩只好再從一堆的檔案裡挖出來，然後再從頭看一遍，自己是否真的做好了。漸漸地，工作一多起來，小瑩就覺得吃力了，每天都需要加班才能完成當天的工作任務，有時候甚至不光晚上加班，週末還得抽出一些時間來處理急用的文件和工作。一段時間之後，小瑩就覺得心力交瘁，工作實在太累了！

但是，看看身邊的同事，即使是跟自己差不多同一時間來公司的，人家也不用這麼拼命呀，即使有時候需要加班，也只要十來分鐘就能搞定，然後就可以下班回家，週末的時候，偌大的辦公室更是只有自己一個人。再三思量之後，小瑩覺得不能再這麼下去了，年輕的女孩子，誰願意天天泡在工作裡，沒有時間逛街，沒有時間戀愛，更沒有時間買衣服。於是，小瑩藉著跟小組長商討新專案的機會，向組長請教更加高效的工作方式。組長聽完小瑩的訴苦之後，轉過身看了看她的辦公桌，忍不住皺眉，說：「這麼亂，找個文件的話，你需要幾分鐘才能找的到？你一天又需要找多少個文件？這些找檔案的時間積累起來的話，又能完成多少件工作任務？」

小瑩羞愧不已，也明白了組長的意思。當天一下班，小瑩就立即著手，將自己的辦公桌整理乾淨整潔，將檔案依照已完成的、待辦的、暫時不需要去做一一劃分，建檔歸類。第二天一上班，就能立刻找到自己要處理的工作和相關的文件。一個月之後，小瑩發現自己的工作效率果然大大提高，再也不需要加班，就能完成當天的工作了。而且，整個人的精神狀態也更加光彩奪目。

我們常常對於自己的工作環境遠沒有工作本身重視，即使辦公桌上雜亂無比，也依舊埋頭於工作中，而不會先抽出時間去整理辦公桌上大批的檔案，所以，常常需要在大堆的檔案中尋找自己所需要的那一個，浪費了時間不說，即使完成的工作也跟沒有完成一樣，需要的時候還是要從頭開始重新看過一遍。這樣，自然會大大降低我們的工作效率。

為什麼要把書桌上的文件建檔、歸類

文件管理技能是一種專業性很強、綜合性很高的工作技能。對於大公司來說，文件管理的嚴格程度一般都有規定，小公司雖然界限模糊，但是對於每一個高效人士來說，將自己周圍的辦公環境收拾的乾淨整潔，一目了然，也是必須的課程。

那麼，把書桌上的檔資料建檔、歸類有什麼好處呢？

1. 整理桌面其實是打理工作的過程：將自己一天的工作都一一過目，同時也為明天的工作做好打算，避免盲目。

2. 乾淨整潔的桌面帶給人愉悅的心情：一天的工作結束之後，難免頭暈腦脹，心情緊張，這時候，不妨拿出十幾分鐘的時間來整理一下辦公桌，讓自己對接下來的工作心中有數，同時舒緩緊張心情。

3.細節決定成敗：整理桌面這樣一個小習慣，在上司看來，也是一個良好的職業習慣，是走向成功的必要一步。

4.將檔案一一分類，便於尋找，是提高工作效率的首要法寶。

5.養成乾淨整潔的好習慣，做事井然有序。

怎樣把文件建檔、歸類

你的辦公桌是不是被各種檔案資料所淹沒？你的辦公桌上是不是大到電腦小到茶杯樣樣齊全卻亂七八糟？你的辦公桌上是不是經常發生碰翻咖啡杯或者碰撒一地紙張的「悲劇」？如果是這樣，那麼你真的應該好好整理一下自己的工作區域了，將各類文件資料建檔歸類，而不是一團糟地隨意塞到辦公桌的某個角落裡。那麼，怎樣把文件資料建檔歸類，將自己的辦公桌整理的乾淨整潔呢？

1.批示完畢的文件，一定要轉交出去，絕不能在自己手裡過夜；

2.暫時沒有用的文件，一定要放入資料夾或檔案櫃，絕不能雜亂地堆在眼前；

3.需要處理的檔案，一定要整理好放在辦公桌顯著的位置，絕不能對待辦的事情不放在心；

4.認真總結一遍今天的工作，查缺補漏，計畫一遍明天的工作；

5.日常需要使用的東西，應該放在伸手就能輕易拿得到的位置；

6.將不用的檔案清理出去，不要再佔據空間。

整理檔案的幾點關鍵

辦公桌上雜亂無章，你會有什麼樣的感覺？覺得自己有堆積如山的工作要做，可又毫無頭緒，好像根本沒時間或者做不完一樣。面對大量的繁雜工作，你根本無法感受到工作的輕鬆和快樂。

很多時候，讓你感到疲憊不堪的往往不是工作中的大量作業，而是因為你沒有良好的工作習慣，不能保持辦公桌的整潔、有序，不能隨手就可以找到自己需要的那份文件，從而降低了工作品質，加重了你的工作任務，影響了你對工作的樂趣。所以，在日常工作中，我們一定要保持自己的辦公桌乾淨整潔，讓各類檔案都放在恰當的位置。那麼，整理檔案還需要注意哪些事項呢？

1.將一些重要卻不經常用的文件放進櫃子裡；

2.將好幾年前的檔案掃描成電子版本存檔，不要一直堆在辦公桌上；

3.將沒有用的垃圾文件丟掉，清理一下繁雜的辦公桌；

4.電腦裡的檔案也是如此——該丟的丟，該存檔的存檔；

5.不屬於自己工作範圍的文件立刻轉手合適的人員。

乾淨整潔的環境，讓工作更輕鬆

辦公桌往往是一個人個性的投射。有些人害怕整理桌面，是擔心會破壞整個工作習慣生態，害怕找不到東西；有些人任意堆積文件，則是希望老闆知道他們工作賣力；也有人是借著把檔排滿桌上，來提醒自己某些工作尚未完成。不過，不論動機為何，幾乎每個淪陷在「文件叢林」中的上班族都有一個共同經驗：每當要找出其中一樣東西時，簡直可以用「排山倒海」來形容那種窘態。

整理好自己的桌面，其實也是一個打理心情的過程。一天緊張的工作，難免會頭昏腦漲、心緒煩亂。看著雜亂擺滿一桌的檔案、紙張，定會感覺今天的事沒有做完，明天的事沒有頭緒；日積月累，有用的、無用的、緊急的、稍緩的，各種事情就不光占滿桌面，更占滿了整個大腦，心情緊張、失去信心將無可避免，工作效率怎會提高，收穫成功更是無從談起。

如果騰出十幾分鐘，整理一下辦公桌，梳理一下工作計畫，舒緩一下緊張心情，然後在整潔的環境裡深呼吸、踱幾步，做一個認真的思考、簡單的放鬆，心情愉快地結束今天，信心滿懷地開始明天，那工作品質不提高都是不可能的了。

是否花了兩次工夫去做同樣類型的事情？

工作也要「合併同類項」

我們常常覺得時間不夠用，而工作太多，每一個都需要詳細認真地去考慮，其中更不乏有一些艱難複雜的大項目，那就更花費時間了。所以，一天下來，根本無法完成太多的工作，於是，有些事不得不利用晚上或是週末的時間來加班。

但事實上，真的是如此嗎？我們每天都有許多的工作任務需要去做，而同一個工作職位是不會天天有變化的，那麼，時間久了，在同一個職位上的這些工作，就沒有相同的例行工作嗎？這些例行工作，真的每一個都需要從頭重新考慮解決方法嗎？就沒有一件事情可以跟前面做過的事情沿用同一個方法或是放到一起做嗎？

來看看身邊的同事，他們是否也跟自己一樣，每件事情都需要花費大量的時間來解決？從而導致一天的工作沒有辦法在規定的時間內完成。如果不是的話，那只能毫不客氣地說，這是你自身的原因所造成的了。

你是否花兩次工夫做了同樣的事情？

小芸在學校的時候，就是成績優異的好學生，而且做事認真，積極主動，頗得老師和同學們的歡心。到了工作職務上，更是刻苦努力，積極學習在學校裡沒能學到的東西，對待每件工作也很用心，每次完成工作之後，都會仔仔細細地檢查一遍，確保沒有任何問題了，才拿給上司過目。這個好習慣在小芸試用期的時候，給自己帶來不少的好評。但是，公司業務漸漸進入高峰期，每個人手裡的活兒都多了起來。小芸卻依舊堅持著自己的原則，每一件事情都認認真真地努力去完成，一點兒也不給自己放水的機會。雖然這樣做讓自己的每一個工作任務都漂漂亮亮地完成了，但是，一天的工作結束後，小芸卻至少還有一半的工作沒有做。剛開始的幾天時間裡，她還告訴自己：「因為是新人，努力也是應該的。」於是，每天晚上都留在公司加班，直到把當天的工作完成。但是，堅持了一段時間之後，小芸就覺得有些吃不消了，每天長時間的工作，讓自己整個人身心俱疲，一點精神都提不起來，導致每天在工作時間能完成的任務就更少了，眼看就要形成惡性循環，小芸只得把檢查的習慣去掉了，工作任務進行的時候認真仔細，完成就是完成了，時間不夠寬鬆的時候，絕不再去碰第二遍。但是，效果並不大，即使這樣節省了很多時間，到下班的時候，依舊有三分之一的工作還沒有動手處理。

無奈的小芸，決定向自己的主管請教。主管每天都比自己要做更多的工作，但是人家卻很少加班，也沒像自己一般，整體跟個無頭蒼蠅似的。主管聽說了小芸的情況以後，看了看她的日程計畫，指著上面的兩項工作說：「這兩項工作看起來不是差不多嗎？為什麼不放在一起去做？相同的思路，相同的流程，放在一起，不是可以節省更多的時間嗎？還有其他相似的工作，也可以一併處理了。」

小芸按照主管的建議，將相同類型的工作安排到一起處理，中途不用轉換思路，也不用花費好幾分鐘的時間去適應新的工作流程，工作效率果然大大提高。堅持了一段時間之後，小芸終於再也不用加班了！

在長期固定的工作職位上，我們面對的工作千千萬萬，但是這千萬個工作中，總有一些是「同類項」，為了節省時間，提高工作效率，我們要學會「合併同類項」。將相似或是相同類型的工作放到一起來處理。

為什麼要「合併同類型」

在一個工作職位上，每天都會有例行工作，也總會有一些大同小異的工作任務，這些工作，每一件處理起來都需要花費不少的時間，但是，若能放到一起處理呢？那麼，豈不是可以用做一件事情的時間來處理兩件甚至多件事情？比如，收發郵件，大家各自去拿，就要來回跑好幾趟，其實我們可以把辦公室所有人的郵件一起拿來；裝水或是泡茶，反正都是要去茶水間，何不一次弄好呢……諸如此類的事情還有很多，那麼，「合併同類項」有什麼好處呢？

1. 節約時間，用做一件事情的時間可以完成好多個事情；
2. 不用轉換思路，「同類項」一般都有相似的處理流程；

3.一件事情確定了，下面的同類項就能做的得心應手；

4.分階段工作，一個類型一個階段，兩個不同類型之間可以小憩一下，勞逸結合；

5.培養自己的組織能力，能在第一眼就決斷這件事情屬於哪一個類型；

6.目的明確。

怎樣「合併同類項」

在同一時間去處理相似的事情，可以為我們節省大量的時間，並且時刻保持高效清爽的頭腦，在工作中更加得心應手。這樣，才能在規定的時間內完成更多的工作，持之以恆的話，則會大大提高我們的工作效率，將每件事情都能在確定好的時間內做的遊刃有餘，再也不需要加班，也不需要「臨時抱佛腳」，更不要每天都忙的焦頭爛額。那麼，在工作中「合併同類項」有哪幾個步驟呢？

1.將一天的工作任務全部寫到一張紙上；

2.按照「輕重緩急」的四象限原則，將工作排序；

3.確定每件工作的難度和所需花費的時間；

4.按照工作思路和工作流程，將相同類型的放在一個時段上；

5.先處理重要且緊急的工作和同一類型的事情；

6.及時總結工作經驗，以便處理後面的事情；

7. 複雜棘手的事件要分成若干個小部分，將每個小部分都劃分到與之相似的類型中去；

8. 最後清點一天的工作量是否完成。

幾點關鍵，遠離「加班」

「合併同類項」的目的無非就是將相同事件放在一起解決，節約我們來回奔波或是不停轉換工作思路的時間，大大提高工作效率，輕鬆上下班。因此，在「合併同類項」的過程中，並不可隨意而為，而要遵照一定的原則，合理分配時間和事務，確保能在規定時間內完成需要的工作任務，並將自己每天的工作梳理清晰，整理得井井有條。說到重點，自然還是以工作中的時間管理為首要任務，不可在某一類型的事情上花費過多的時間，而要量其「重要性和緊急性」而行。那麼，在「合併同類型」過程中，還需要注意些什麼呢？

1. 每天多做一點點，即使將同一類型的事情放到一起解決，也要儘量節約時間，爭取在最短的時間內將工作完成。

2. 即使是同一類型，在處理得過程中也不儘然是完全一樣的，所以，在做每件事情之前，都要先流覽一遍，確定合適的工作思路和工作方法，而不要一味地模仿。

3. 注意隨時積累經驗，即使不同的類型的工作，也可能會有相似的地方。

4. 無論採取什麼方法來進行工作，節約時間，提高效率都是最終目的。

提高效率，讓時間更有價值

如今，人們面臨著時間運用觀念變革。在現代社會，人們不僅要在總體上正確認識時間的巨大價值，從而十分愛惜和充分利用時間，而且要在平常工作和生活中科學地安排和分配時間，以期在一定的時間內取得最大的工作效率。因此，如何運用時間，既是一門科學，也是一門藝術。時間雖然對人們來說，既看不見，也摸不著，但它是可以被精確測定的。一個人在一生中的不同時期，甚至在一天的不同時刻，其價值是大相徑庭而且因人而異的。

隨著現代生活節奏的加快，時間顯得更為緊張。而仔細想想，在現實生活中，有很多時間都是被白白地浪費掉了。那麼，我們就必須要努力提高自覺地工作效率，節約時間，在一生有限的時間裡，充分利用上天賜予我們的每一分每一秒，還要善於把隱藏的時間找出來，一刻不停地工作、積累、進步。這樣，才能讓我們的時間更加有價值，每一分每一秒都凸顯它的真正意義！

電話聯繫真的是最有效率的嗎？

靈活使用各種聯絡工具

我們常常埋頭苦幹，將大部分時間集中在自己的工作中，但是在日常工作中，我們並不是埋頭苦幹就可以的，很多時候都要跟同事協調合作。

說到這裡，也許你就要埋怨了：很多時候，需要同事提供一個相關的資料，給她打了電話，將情況說明了，對方也答應好了的，但就是不見文件送來，於是，自己的工作就被迫往後拖延了很長一段時間，導致自己沒辦法在規定的期限內完成本來很輕鬆就能夠完成的工作；或者，老闆新派發了一項工作，其中有些事情是需要其他部門協助來做的，於是，你將郵件發過去，徵求對方的意見，以便確定工作的開始時間，但是，對方卻遲遲不肯給消息，於是，本來可以今天就可以開始的工作，硬是給拖延了三五天，所以在後面的工作過程中就難免手忙腳亂……

這時候，不妨去問問其他的同事，他們是否也為同事之間的協調合作浪費很多時間，致使工作任務不得不延後或是中途停下來，從而沒有辦法按時完成？我想大多數人都不會這樣的吧？那麼，我只能說，這是你自身原因所造成的。

你真的知道怎樣才不被同事影響進度嗎？

阿楠在公司中的業務單位工作，經常跟同事們需要交換情報材料、協調合作之類的事宜。剛開始的時候，鑒於阿楠是新人，同事們都很照顧，有什麼問題都第一時間去幫忙。而且，工作初期，阿楠需要跟同事相互協同合作的事情也並不是太多。但是，隨著對公司業務的熟悉，漸漸被派發了更多的工作任務，需要完成更多的業績，同時，公司業務的高峰期也來臨了。阿楠除了埋頭於自己一個人能夠完成的工作任務之外，更多的則是需要與同事們協調合作，共同來完成某項任務。比如，阿楠負責開發新客戶，而隔壁的小李則需要來維護這些客戶的資料，以便隨時能提醒阿楠什麼時候該跟哪一位或哪幾位舊客戶取得聯繫，回訪產品的使用情況，有沒有需要公司去解決的問題，或者向公司提出某些意見。但是，小李並不是只負責阿楠一個人的資料，而是整個業務部的資料庫。所以，有時候，小李提醒的不是很及時，阿楠就不得不利用週末的時間來加班，完成需要回訪的任務或是開發新客戶的數量。

對於這種情況，阿楠顯然很不滿，於是，自己經常主動發郵件或是打電話提醒小李，將近期的客戶資訊回報給自己。但是，十有八九，小李會將這件事情忘記或是忽略了，其結果就是，阿楠的提醒根本沒有多大作用，該加班的次數依舊很頻繁。阿楠有些惱怒，這明明不是自己的問題，為什麼是小李耽誤了自己的工作，加班的卻是自己？於是，阿楠去向主管彙報這件事情，希望能給自己一個合適的解決辦法。主管將阿楠的問題分析以後，問他：「你都是怎麼跟小李聯繫的？」阿楠回答說是郵件或是打電話。主管接著就明白問題在哪裡了，於是向阿楠提了一個建議——活用各種通訊工具。比如，你發郵件或是打電話的時候，可能小李正忙，所以沒辦法即刻就滿足你的要求，等他忙完了，可能又有了新的事情，於是就把這件事情拋之腦後了，這時候，如果你利用MSN，每隔一段時間詢問一次的話，可能小李在工作間息看到之後，就能夠將資料傳遞過去了。阿楠恍然大悟，也是，小李忙起來的時候，不可能時時刻刻都記得前一封郵件或是前一通電話的內容，但是，自己隨時提醒的話，情況就不一樣了。於是，阿楠按照主管的建議，該打電話的時候打電話，該發郵件的時候發郵件，該用MSN的時候也要靈活使用……一段時間之後，果然取得了不錯的效果。因為時時刻刻都能跟同事取得合適的協調合作，再也不用擔心自己的時間被無端地浪費掉了。

任何人類的組織，不論大小，都有其周而復始的節奏性、週期性；而我們作為社會或是團體組織中的一員，毫無疑問地要與周邊部門或人發生必然的聯繫。在這種情況下，我們就需要活用各種通訊工具，互相尊重對方的時間安排，也就是說要與別人的時間取得協作。

為什麼要活用通訊工具

你也許擁有全世界最偉大的廣告構想，但是如果你在各公司都已經做完廣告預算後才提出你的構想，你可能就不會有太好的運氣，可能要等到幾個月後，你的構想才會被慎重考慮，甚至可能會一不小心扔到垃圾桶裡去！

大家想想，我們是不是也在經常抱怨外部的打擾（電話、來訪等）、突發事件！既然如此，我們是不是也應該站在對方的角度考慮問題，嚴格要求自己，活用各種通訊工具，與他人的時間取得協調，少一份慌亂，多一份從容！那麼，活用各種通訊工具究竟還有哪些好處呢？

1. 不要讓別人浪費你的時間；
2. 及時取得你所想要的資訊；

3. 確保一切都在自己的計畫內行事；
4. 確保日程表不會被打擾或延後；
5. 適應組織的節奏性與週期性；
6. 儘量不要給別人造成困擾。

活用通訊，讓工作安穩繼續

工作中，不管是我們求助於對方，希望對方與自己合作還是其他同事為某件事情來打擾自己，都會通過一定的方式讓雙方取得聯繫，確定對方可以現在為自己提供某種服務，然後才會積極實施。那麼，我們在跟對方聯絡的過程中，就要確保對方能在自己所期望的時間內將自己的意見表達出來或是將自己所希望的資訊內容提供到位。這樣，才能保證我們所做的一切努力都是有用的。所以，在跟對方取得聯絡的過程中，我們就要學會活用各種通訊工具，不會因為溝通不到位而影響自己下面的工作。那麼，應該怎樣來活用通訊呢？

1. 對於重要的事情，一定要先打電話通知，然後發郵件將具體項目交代清楚；
2. 對於不重要的事情，發郵件即可，等自己有時間的時候再去處理；
3. 對於緊急需要的東西，而對方不方便的情況下，除了打電話，還要活用即時通訊工具，隨時與對方保持聯繫，一旦對方有閒置時間，立刻索取；
4. 對於老闆傳達的命令，一定要發郵件通知到每個員工，然後通知各個單位；

5.工作中出現的問題，需要立刻同負責人取得聯繫的，要積極試用各種聯絡方法。

幾點關鍵，保持高效率

在高速發展的現代社會，通訊工具尤其是即時通訊工具越來越發達，我們也得以能夠更加方便且隨心所欲地利用各種通訊工具，來達成自己的目標。但是，有些時候，即時通訊工具也並不一定安全有效，為了保證高效工作，準時完成各種工作任務，我們必須學會在合適的事件情況下使用合適的通訊工具，即活用各類通訊工具。那麼，在活用各種通訊工具的過程中，還需要注意些什麼事項嗎？

1.不論電話還是郵件，保持簡短明瞭的開場白；

2.控制通話時間，保持通話主題；

3.向同事請求協作時，要雙方達成一致，不要隨意打擾人家；

4.自己能解決的事情就不要仰仗別人，要知道，大家都很忙；

5.將事情集中起來，一次說明白，不要三番五次去向別人請求幫忙。

贏得時間，成功就近了一步

「一寸光陰一寸金，寸金難買寸光陰。」人人都知道時間管理的重要性，「人生有涯」更是將時間管理與人的生命相提並論。孔老夫子曾經站在河邊對著湍急的江水喟然長歎：「逝者如斯夫，不舍晝夜！」當他見到自己的一個學生時間管理不善，用白天的時間睡覺時，給了那位學生以全面的否定。可見是否會管理時間在人們眼中是一種工作高效率的尺規。彼德·杜拉克就曾經說過：「時間是最高貴而有限的資源。」

只要有過管理時間經驗的人們，就都能夠發現管理好時間對於自己不僅很重要，而且會為自己帶來許多顯而易見的好處。只要掌控了準確的時間管理方法，能夠時時刻刻讓自己保持高效，相信成功就在不遠的地方等著你！

是否在收發電子郵件的間隙進行工作？

固定電子郵件收發時間

現代資訊技術的高速發展，電子郵件作為一種簡單而便捷的傳遞資訊的方式出現，不論是大公司還是一般的中小型企業，不論你是位居高職還是普通的員工，在日常的工作中，都免不了要收發電子郵件。

回想一下，你是否有過這樣的經歷：每天早上匆匆忙忙進入辦公室之後，打開電腦的第一時間，就先去查看自己的郵箱，有沒有新的客戶需要回訪，有沒有新的任務需要傳達，有沒有臨近的會議需要出席，公司有沒有新的專案需要策劃……等將郵箱裡的郵件一一回覆完畢，想要著手去做其他工作的時候，郵箱裡卻又有了新的郵件，然後，你又不得不放下手邊的工作，先去回覆郵件，以防耽誤了重要緊急的工作。這樣做的結果，往往是一天下來，還沒等你做完幾件事情，就已經到了下班時間。

也許你要抱怨事情太多而時間太緊，根本沒有辦法完成這麼多的事情。但是，看看身邊的同事朋友，他們是否也是經常沒辦法完成工作任務，而是需要夜以繼日地加班？如果不是的話，那麼，這只能證明，是你自己的時間管理上出了問題。

你真的沒有被收發電子郵件降低工作效率嗎？

小麗在公司已經工作大半年的時間了，熟悉工作業務和流程之後，一直忙得不可開交，每天早上來到辦公室，開啟電腦之後，就先打開電子信箱，查看昨晚和較早發過來的郵件，然後將需要處理得一一記錄下來，將公司內部需要做決策的事情拿去諮詢老闆的意見，然後回覆給合作公司；將客戶的意見回饋給同事；將無關緊要的廣告郵件刪除……等，把這些事情處理好了之後，差不多已經是上午11點左右了，然後小麗開始打算進行別的工作；但是，一會兒，桌面上又顯示收到了新的郵件，小麗打開來看，結果是一封垃圾郵件。將其刪除，再去接著做手頭的工作，結果一時卻找不到靈感了，於是只好去泡杯茶一邊尋找感覺，等感覺回來了，沒做多久午飯時間又到了。小麗快速將手頭的工作告一段落，去吃午飯，午飯過後，第一時間仍舊先是去看電子信箱，將新收到的郵件處理掉，然後接著做其他的工作。

這樣做的結果就是，因為一天的大部分時間都集中在收發郵件上了，所以，本來能夠輕鬆完成的其他工作卻沒辦法完成了，只得利用晚上的時間。因為自己資歷尚淺，對時常需要加班才能完成工作任務依舊任勞任怨，兢兢業業，勤奮刻苦地做著自己的分內之事。但是，隨著工作任務的份量越來越多，原本只需要加班一小時就能完成的工作，也變成了每天至少需要在下班後繼續工作3小時才能勉強完成。於是，小麗漸漸覺得力不從心了，每天晚上回到家都差不多10點鐘了，什麼都來不及做，就已經深夜，而且累的要死，第二天起床的時候感覺渾身都沒有精神。

小麗覺得自己不能再這樣下去了，於是去向自己的前輩——宋姐請教，有沒有其他可以快速完成自己工作任務的方法。宋姐仔細詢問了小麗每天的工作狀態，向她提出了一個建議——固定收發電子郵件的時間並將主要精力放在重要的工作上。比如，每天在上午10點半、午飯後、下午3點半個查看一次信箱，將需要解決的事情一一處理，而其他時間，則將精力放在其他重要且緊急的事情上，不要一味地隨時查看電子郵箱，將別的工作當作附屬。小麗恍然大悟，按照宋姐的建議來安排自己的工作時間，不再隨時關注電子郵箱，而是在固定的時間裡收發電子郵件；其餘時間，則用心處理其他的工作事務。一段時間之後，小麗發現自己的工作效率果然大大提高，在下班前總能完成屬於自己的分內工作，而不需要沒日沒夜的加班了。

雖然電子郵件方便了交流溝通，但同時也耗費了你的時間。電子郵件明顯有他的弊端。難以理解的電子郵件會讓職員不能專心於重要的工作，模糊了溝通管道，還常常產生額外工作。所以，我們要學會在適當的時間收發電子郵件，而不是將全部精力都放在收發電子郵件上。

為什麼要固定收發電子郵件的時間

即時通訊、網路電話，這些新鮮技術的出現，讓人與人之間的溝通更方便。儘管強手如雲，電子郵件依然魅力不減，依然是商務溝通最主流的方式。電子郵件的使用簡易、投遞迅速、收費低廉，易於保存、全球暢通無阻，使得電子郵件被廣泛地應用，它使人們的交流方式得到了極大的改變。在給我們帶來便利的同時，電子郵件的收發無疑也讓我們浪費了不少時間，那麼，要保持高效的工作節奏，就要避免電子郵件給我們帶來的困擾——在固定的時間裡收發電子郵件，而將主要精力放在其他重要工作上。那麼，這樣做究竟有什麼好處呢？

1. 不會隨時被打斷工作思路；
2. 將主要精力放在重要工作上，不至於「撿了芝麻丟了西瓜」；
3. 郵件裡所包含的資訊即使重要也不一定是最緊急的，完全沒有必要時時刻刻惦記回覆或查收郵件；
4. 很多郵件可能跟自己並沒有直接聯繫，不要把時間浪費在這上面；
5. 節約時間，提高工作效率。

怎樣高效地處理郵件

電子郵件是最適合傳遞那些利用文字便能完整表達的、操作性強的資訊了。如果你能充分利用電子郵件的優點而避免其浪費時間的種種陷阱的話，電子郵件就是一個強大的工具了。如果你知道如何高效利用電子郵件的話，它將會幫你節約大量時間，這些技巧包含在發送郵件和接受郵件過程中。那麼，在接收電子郵件的過程中，究竟有些什麼技巧，可以讓我們大量節約時間，從而大幅度提高工作效率呢？

1. 要快速弄清楚電子郵件所表達的意思和包含的重要資訊；
2. 採用更好的溝通平臺進行討論；
3. 弄清楚該郵件與自己的關係——直接、間接、或是無關，從中採取恰當的措施；
4. 對方希望自己做什麼或是希望對方做什麼，一定要表達的清晰明瞭；
5. 創建良好的文字構架；
6. 有效跟進。

幾個關鍵，避免電子郵件弊端

雖然電子郵件不可避免地給我們帶來一些麻煩，浪費了不少時間，但同時，我們也不能否認它給我們的工作生活帶來了便捷便利。尤其在這個資訊、電子郵件基本已經成為我們生活工作的必需品，很多時候更是需要電子郵件來發揮它的超強能力。所以，我們就要想辦法避免郵件所帶來的弊端，而盡情享受它給我們帶來的便利和簡潔。下面的幾個關鍵原則，就能在很大程度上幫助我們避免郵件所帶來的弊端：

1. 不適合電子郵件討論的事宜，要學會採取更有效的方法；
2. 適當過濾垃圾郵件；
3. 和自己沒有直接關係或是不明其意的郵件，直接忽略；
4. 需要上司來決策的郵件立刻轉發，並通過有效方式來提醒老闆；
5. 有效編輯郵件，給人清爽乾淨的感覺。

提高效率才是王道

要知道有什麼樣的思維就會有什麼樣的行為，良好的心境和正確恰當的行為是實現目標、事業取得成功的指標。身在職場，大多數功成名就的人，往往會出現兩種心理：一種是趁著事業如日中天再加一把火，使其人生事業之火燒得更旺；另一種就是覺得在這些打拼的日子裡確實吃了不少苦頭，當有機會就躺下身子歇歇，辦事也因此拖拖拉拉，事業也就每況愈下。當然，從你的內心中決不會選擇後者，但是，人天生具有一種「惰性」，當你懶惰時，你會有「忙社交」、「沒時間」等許多藉口來拖延辦事時間。為了避免這種惰性，我們必須從各方面著手，節省時間，大大提高工作效率。

只有提高了工作效率，我們才能在規定的時間內完成更多的時間，也才能有更多的時間為自己做出更加周詳的人生規劃，使自己在職場中一飛沖天，從此不斷接近成功！

總是遇到漫無目的的談話和會議？

巧用小動作暗示對方

不論是在工作還是生活中，誰都不可能遺世獨立，埋頭做自己的事情就可以。所以，在與同事、上司或是客戶打交道的過程中，總免不了各種各樣的談話或是會議。而這些，則有可能會成為我們工作的大部分內容。因為不論你從事什麼工作，在哪個職位上，都避免不了要與同事溝通，要根據客戶的意見來改進產品或是開發新產品。而且，很多重要決策都是在會議上商討出來的。

那麼，你是否遇到過這樣的情況：跟客戶通電話的時候，說著說著就不自覺地轉到了跟工作毫不相關的閒聊上面，興高采烈地話家常，於是，時間就不知不覺被浪費掉了；在會議期間，因為遲遲拿不定主意，所以會議的時間被一拖再拖，不知不覺中，又浪費掉了很多的時間……因為時間被如此浪費掉，所以，導致自己沒有時間去完成接下來的工作或是計畫表上的事情。

你真的能避開漫無目的的談話和會議嗎？

小洋是業務部的員工，每天都在跟各種各樣的新舊客戶打交道，介紹公司的新產品，對老產品做些回訪，並對開發新產品搜集相應的資訊和建議。於是每天的工作基本都是在電話、郵件與小組討論會中渡過。剛開始時候，小洋的同學們都很羨慕這份看上去很輕鬆並且沒有具體時間限制的工作，小洋也很是自得。但是，試用期一過，正式融入公司之後，小洋卻是有苦難言。這差事看似輕鬆，實則不然。雖然每天計畫的日程表上只有那麼幾件事情，而且也沒有多大的難度，但是，實踐起來，卻完全不是那麼一回事了。比如，跟客戶介紹新產品的時候，為了熟絡彼此之間的感情，而不是單純為了交易而交易，小洋總是象徵性地向客戶問一些生活中的狀況以示關心，十幾分鐘之後，才將話題扯回到產品上面，然後，談完產品之後，不自覺地又回到家常上面，直到覺得似乎是沒話說了，才掛斷電話。這樣下來，一個上午的時間，也只能夠跟五六位客戶聯繫，而計畫表上還有七位急需聯繫的客戶。中午匆匆忙忙吃完午飯，小洋打算繼續工作，但是，小組長卻過來通知：下午有個小組會議，是關於新產品的意見回饋，每個人都必須參加。等到會議結束的時候，已經下午4點半了。小洋的各種任務自然是沒辦法完成的。但是，這個工作卻不太適合加班，即使加班，也只能比下班時間延後一個小時。所以，到了週末的時候，只能望著同事們與高采烈的計畫著遊玩地點，而自己只能獨自在辦公室加班。

漸漸地，小洋就覺得力不從心了，一個月裡，沒有一天能夠好好地休息，即使鐵打的人也受不住啊。於是，小洋決定改變自己的現狀……觀察了好幾天，小洋發現副組長的效率可以算是小組裡數一數二的，而且人又溫和，於是，小洋決定向他請教。副組長聽說了小洋的情況之後，向他提了一個小建議——縮短與客戶打電話的時間，遇到無法立即結束通話的時候，要適時向對方做一些小的暗示；在會議中也是，若是會議進入到了漫無目的地談話中，就要做出一些明顯的小動作，提醒對方自己時間緊迫。

小洋按照組長的建議去做，一段時間之後，果然工作效率大大提高，在一天的8小時內，很輕鬆就能完成日程表上計畫的事情。並且因為不用再加班，週末得以有足夠的時間休閒娛樂，整個人的精神狀態也更加好了，工作起來也更是得心應手。

無論何時，我們都避免不了與同事或是客戶、上司談話，更不可避免公司內部的一些決策討論會議，那麼，怎樣才能不讓這些談話和會議發展成為浪費時間的無聊事務呢？這時候，我們就要學會巧用各種小動作來提示對方，自己的時間很寶貴，還有很重要的事情需要去做，從而從這些事情中解脫，將時間花費到真正需要的事情上去。

為什麼談話和會議會變得沒有意義

我們經常跟各式各樣的人打交道，但往往由於各種各樣的原因，我們沒有自始至終把注意力集中在一件事情上，也就是自己最初的目的。而是在不停地談話中，漸漸忘卻了這個目的，於是，談話就變得毫無意義，且浪費自己好多的時間。在公司例會或是與合作夥伴的商談會議中，也可能會如此：因為一時沒有更好的主意，為了掩飾自己的尷尬或是拖延時間給自己整理思路，於是將話題扯到完全不相關的地方上去，然後，時間就被這麼浪費掉了。現實的工作中，這種情況並不少見，那麼，究竟是為什麼，使得本應讓工作做得更好的談話和會議變得毫無意義呢？

1.為了避免尷尬，從其他主題切入談話；
2.談話沒有技巧，不能及時切入主題；
3.瞻前顧後，吞吞吐吐；
4.條理不清晰；
5.沒有事先總結談話或是會議要點；
6.不明確自己的目的。

如何巧用小動作，避免不必要的時間浪費？

但是每個人每天都只有24個小時，這有什麼分別呢？分別之處在於時間的單位價值。因此提高時間的價值就是提高單位時間的價值，這有兩種辦法，一是在單位時間內做更多的事情；二是在單位時間內做更重要的事情。漫長的談話和無重點的會議無疑不在這兩者之中，不僅會大大浪費我們的時間，讓我們的工作變得緊張而無序。為了避免時間被無意義地浪費掉，我們就要學會適時掐斷無意義的談話和冗長而找不到重點的會議，那麼，如何來做呢？

1.每次通電話之前，先想清楚自己的目的；

2.適當寒暄幾句，快速進入主題；

3.將事情說清楚之後，不要再漫無目的地瞎扯，而是儘快結束談話；

4.會議開始前，在紙上寫幾個關鍵字，作為自己發言的要點；

5.儘量言之有物，不要空洞地說些大理論；

6.適時向上司提醒會議的重心。

幾點關鍵，言之有物

交流和會議商討的重要性，使我們更能完美的完成工作，但是，卻也不應該把時間花費在無意義的胡扯和得不到任何有用資訊的冗長會議上。所以，我們要適時提醒對方，給自己也給對方節約不必要的時間浪費，從而輕鬆完成工作。因此不論是在交流中還是在會議中，都要言之有物，將話題緊緊圍繞著工作的目的和首要達成的效果來進行。那麼，在用小動作提醒對方的時候，還要注意哪些事項呢？

1.控制會議時間，確保與會人員不要遲到；

2.羅列會議所要研究或商討的內容，確保不會跑題；

3.善於處理會議中的不同意見；

4.對發言進行適當的鼓勵或小結；

5.打電話時要一心一用；

6.集中使用電話；

7.時刻保持節約時間的意識。

提高效率，邁向成功

時間就是生命。它能糾正錯誤，考驗真理，醫治憂慮；它也是最聰明的哲學家，它的教訓人們必須聆聽，因為它所闡明的真理，是在世的所有老師都無法教給我們的。每個人面前都有同樣多的時間，我們一定要學習如何加以運用。

人們在總結自己的工作時，常常會發現自己是造成了工作效率低下的一個重要原因。因此，如果人們想認真改進對自己時間的管理，首先必須要採取一系列措施來改進自我。所以，從現在開始，我們就要試著一步步來改進自己工作中的陋習，將不必要花費的時間節約下來，去做更加重要對自己更有用的事情，提高自己的工作效率，然後，你就會發現，在不知不覺中，自己已經漸漸靠近了成功！

如何不因別人的錯誤耽擱自己的計畫？

工作中，對他人要提出時間要求

大家同在一家公司工作，總免不了有各種各樣的交會：或者協作處理同一件事情，或者統一工作進度，或者需要交流、商討某一件任務……這時候，我們的工作效率就要不可避免地被同事或合作夥伴的工作效率所影響到。相信大家都遇到過這樣的情況：上司分發下某一項任務，需要多個同事或是部門共同協作，但是，有些同事或部門的進度比較慢，於是，你這邊的工作也不得不停下來等待其他人的進度，或是為了進度而去幫其他人做不屬於自己業務範圍的工作。

而結果往往就是，自己花費了不少的時間，卻依舊沒能按照計畫在確定的時間內完成工作任務，或者即使匆匆忙忙地完成了，也由於時間太緊張而錯誤百出……總之，就是沒能按照預期的那樣，將工作完完整整地做完。

不妨看看主管或是其他同事的工作，他們是否也跟自己一樣，被別人耽誤了無數的時間而無法完成工作？如果不是的話，就要從自身來尋找一下原因了。

你真的不會因別人的錯誤而耽誤自己的工作嗎？

小剛進入公司不久，便遇上新一輪的人事調整。於是，對公司業務還不熟悉的小剛便被分配到了新成立的部門去。而該單位的主要任務就是對公司的各個部門工作情況進行總結、資料匯總、建議報告等等。於是，主要的工作時間幾乎都用在向公司各部門索取資料，協商合作上了。小剛最初覺得工作任務簡單而輕鬆，每天只要打幾個電話，接收幾封電子郵件，將各部門傳送過來的資料整理一下就可以了。但是，漸漸地，當熟悉全部流程而自己撰寫報告的時候，卻發現根本不是自己所想的那麼容易。首先，自己的工作需要各個部門的資料，以作為自己工作報告和分析情況的參考來源，但是，往往這個部門很忙，暫時抽不出時間來做這件事情；那個部門的相關負責人不在，於是，得等上一些時間……等來等去，卻始終沒有沒有人主動來為自己報送資料。於是，小剛只得再去相關部門討要資料，然後時間也還是依舊一拖再拖，相關部門沒能立即將資料遞交。好不容易等到將資料全部收集齊全了，距離工作總結的最後期限也只剩三四天時間了，於是，小剛不得不利用晚上和週末的時間來加班，爭取在全公司的總結建議大會前將工作報告撰寫完全。於是，在下一份的工作總結撰寫提案已經下達的時候，自己卻如火如荼地在為上一分總結忙碌。一段時間之後，本來是不忙的工作卻硬是搞得自己每個月都忙得不可開交，焦頭爛額。

小剛抑鬱不已，但是工作也不能拖延。即使想了不少的辦法，情況卻絲毫沒有改變，不得已，只好向自己辦公室的主管請教。主管一聽說小剛向自己討教工作效率的方法，立刻就向他提出了一個建議——在工作中，要對別人提出時間要求。主管說，經常看見你自己在忙，但是，沒有其他同事和部門協助提供的相關資料，你自己瞎忙有什麼用？這時候，你應該明確跟各部門說清楚工作的重要性和工作的截止期限，而且要時常催促他們，這樣，才不至於被別人的拖拉所連累，導致自己不能按時完成工作任務。小剛恍然大悟，按照主管的建議去做，一段時間之後，發現自己的工作效率果然大大提高，再也不用「臨時抱佛腳」了，而且，還有多餘的時間讓自己將工作修飾完善一下，做得更加完美，時常得到上司的讚揚。

不論是生活還是工作中，我們都不可能遺世獨立，很多工作，都是需要大家齊心協力來完成的。所以，要提高工作效率，不僅要掌控好自己的時間，也要控制好別人的時間，不要因為別人的錯誤或是延誤讓自己沒辦法按時完成工作，降低工作效率。

為什麼要對他人的工作提出時間要求

雖然說，在日常的工作中，我們只要完成自己的任務即可，沒有必要對別人的事情瞎操心。但是，很多時候，看似只是某一個人的工作卻會牽連到很多不同職位上的同事，他們工作中的資料和收集到的資訊，很可能是自己某一項工作中所需要的。這時候，本來是一個人的工作就會變成是很多人的工作，彼此相互影響相互牽扯。既然有所牽扯，就可能在時間上相互制約。這時候，別人的工作進度就有可能影響到我們的工作了。這時候，就需要對別人的工作提出時間要求了。那麼，對別人的時間提出要求究竟有什麼好處呢？

1. 保證自己的工作進度不會被拖延；

2.有足夠的時間去做自己的工作，精緻細化；

3.按照自己的計畫做事，不會被別人影響；

4.總是能確保工作在計畫內進行，而不要跟隨別人的步伐。

怎樣不因別人的錯誤而影響自己

時間是寶貴的，每個人的每一天都是獨一無二的，過去了就再也無法找回。所以，我們要把時間花在主要而有意義的事情上，不能平白浪費掉。既然我們無可避免地跟別人相互合作，且會被對方的一些狀況影響到自己的工作進度，那麼，我們就要努力避免這一情況。怎樣才能不被別人的錯誤影響到自己的工作進度呢？

1.事情開始前，就要跟對方講好工作的重要性以及自己所要求的最後期限；

2.在沒有確定別人的進度之前，要加大催促力度；

3.重要的資料，一定要在引用之前再三確認，儘量不要一再重做；

4.在等待的時間裡，儘量做些後面工作的準備事宜，不要事到臨頭才手忙腳亂。

幾點關鍵，掌控工作進度

既然我們總避免不了被別人影響自己的時間和安排，進而影響到自己整體的工作效率，那麼，我們就要學會避免這些干擾，最大限度地利用時間，將時間和工作進程掌握在自己手裡。那麼，除了以上幾個必要步驟，在不被別人影響自己工作的時候，還要注意哪些原則呢？

1.需要別人提供資料的時候，一定要提前幾天通知；
2.在合適的時間去跟別人商議自己的工作中的事宜；
3.自己不好開口的事情，一定要提前跟上司打好招呼，做好協調工作；
4.即使其他同事已經確認過的檔案，在使用的時候，也要反覆檢查一下；
5.與合適的負責人員協商，不要事事都去煩勞主管或是管理人員。

掌握時間，掌握成功

時間的重要性，相信不用贅述大家也都心知肚明。在日常的生活學習中，我們一定要養成節約時間的好習慣，並且將絕大多數時間花在對自己的人生職業有重要價值的事情上，而不要浪費在毫無意義的事情上。因此，如何利用有限的時間，就決定你的生命是否豐富和有價值。我們和愛迪生有一樣多的時間，但他發明了電燈；你的一天，和莎士比亞的一天同樣是24小時，然而，他卻完成了《哈姆雷特》。而你呢？

很多人老是抱怨時間不夠用，然而卻不懂得珍惜時間，不懂得有效地運用這一去不復返的資源。只有在正確而意義重大的事情上花費了足夠多的時間，我們才能確保自己所做的一切是有價值的，從而握住成功！

經常為製作各種檔案報表發愁嗎？

注意搜集保留好用的辦公範本

不論你在什麼職位上，從事什麼什麼樣的工作，幾乎每個人都需要在每個月的月終或是年終進行工作總結，對自己前面的工作作出評估，找到不足，並積極做出改變。那麼，你是否遇到過這樣的情況：在職員大會之前，腸思枯竭地進行工作總結，好不容易寫了一點，卻因為沒有合適的範本，於是再去網上搜索，可是時間已經來不及了，最後只得草草了事。我們還經常要做各種各樣的工作檔案或是報表，總是苦於沒有合適的範本，將時間浪費在網路搜索上，從而沒有辦法完成計畫內的規定事項。

你不妨看看身邊的同事，他們是否也跟自己一樣，為了一個PPT或是報表或是工作總結，浪費大半天的時間，從而導致自己的工作沒辦法在規定時間內完成？如果不是的話，那就要從自身來尋找一下原因了。

你真的不會經常為製作各種報表發愁嗎？

小颯是企劃部秘書兼公司設計人員，每天都要為各部門做些PPT之類的工作總結或是工作報告，以及調查報告、各類企劃、計畫報表等等。所以，小颯的工作任務基本就是圍繞各式各樣的檔案和報表而展開。而且資料都是各部門事先準備好的，小颯所要做的工作就是把這些重新組合一遍，做出一個完美的樣子來。但是，這份看上去明明很輕鬆很容易的工作，卻常常讓小颯忙得不可開交——一接到新的任務，她首先打開看看相關內容，然後確定可用的辦公範本風格，再去網路上搜索，往往二十來分鐘甚至半個小時才找到合適的範本，於是急急忙忙開始做PPT；這份報告的PPT一做完，便立刻傳給相關部門，然後關掉，再來看下一份報表的內容，確定其風格，上網搜索相應的可用範本，然後才能著手開始工作……於是，本來很容易很輕鬆就可以完成的工作，卻每次都要花費兩三倍的時間才有成效。其結果就是，一週下來，堆積的工作如山，非得利用晚上或是週末的時間來處理，確保自己不會耽誤同事工作。

一個多月連續加班，而沒有一天休息時間，小颯覺得勞累無比，心情和精神也差到了極點；小颯在這樣的狀態下工作，效率自然不可能高，於是，堆積的工作任務越來越多，眼看就要排到下個月去了，小颯焦急不已。在一次員工大會上，小颯認識了總公司的企劃設計人—劉姐。據說劉姐的工作效率在公司是數一數二的，小颯羨慕不已，利用午餐時間向劉姐請教。劉姐耐心聽完小颯的傾訴和對於工作流程的敘述，向他提出了一個建議—注意搜集、保留好的辦公範本，這樣，不論是什麼風格的報表檔案，只要收集到了合適的範本，工作的時候便不用再去花費時間搜集範本，自然大大節省了時間，工作效率也就提高了。小颯按照劉姐的建議進行工作，一開始的時候，雖然仍舊需要花費不少的時間去搜集各種範本，但是，一段時間之後，就可以直接拿來用，大大節省了上網搜索的時間，工作效率也大大提高。

不光是企劃部或是設計部的人員，在日常的工作中，我們也常常需要自己一些PPT或是其他各類報表檔案，自然就需要用到一些精美的範本。這樣，不僅工作做的好，而且在總結會議或是上司面前，也能表現出細心與神清氣爽。

為什麼要注意搜羅各種辦公範本

就算我們從事的不是會計或是管理行業，不需要做各種各樣的報表，但是，不論我們處在哪個工作職位上，都需要對自己的工作進行階段性的總結，在年終大會或是其他全員會議上，也需要製作相應的報告性文件，來向上司和同事展示自己的工作成果以及目前的進度，並且查漏補缺，為以後的工作打好基礎。既然知道了報表的重要性，在日常的工作中，我們也就要適當注意一下相關方面，以備不時之需。那麼，我們為什麼要經常收集各種辦公範本呢？

1. 報告PPT做的精緻，不僅自己看著舒服，老闆也會有一個好印象；
2. 合適的範本，讓自己心情愉悅，取得事半功倍的效果；
3. 精美的報表，會讓同事和主管覺得自己是個細心而細緻的人；
4. 節省時間，不須在需要的時候再去花費時間搜羅；

5.同一個範本，可以用在不同的場合；

6.豐富多彩的範本，也會讓自己的報告更加完美；

怎樣搜羅各種合適的辦公範本

相信大部分做過報表的人都有如此的經歷：若是客戶信函或是工作總結以及技術報告之類的報表能夠有相關範本，而自己只需要按照既定的範本來進行工作的話，就可以節省大量時間，提高自己的工作效率。那麼，我們要如何來搜集各種各樣的辦公範本呢？

1.不論是自己還是同事用過的範本，都要先保留一份，而不要用過了就刪掉；

2.網上搜集來的 PPT 範本，更要保存；

3.瞭解各種範本的樣式和使用場合，適當搜集，而不要見到一個就保存一個，有很多可能是自己根本用不到的；

4.不要單純通過網路，而要從各種途徑獲得需要的範本，然後保存。

幾點關鍵事項，節約時間

既然我們的工作中不可避免地要用到各種各樣的辦公範本，而我們也知道搜集到相應的範本就可以大大節省自己的時間，提高工作效率。所以，我們就要適當收集相關範本，從而儘量提高自己的工作效率。那麼，在搜集範本過程中，還需要注意哪些事項呢？

1.時間緊張而沒有合適範本的情況下，要懂得利用現有範本來創建新範本；
2.將不同類型不同風格的範本分別按照類別保存到不同的資料夾裡；
3.也可以使用現有範本來改變當前的檔案風格，使之與內容更加相符合；
4.記清楚自己檔案的保存路徑，確保隨時能找到合適的範本。

振作起來，今日事今日畢

「明天」這個藉口，之所以也是沮喪之屬，是因為這種「明天」哲學會引人過著沒有目標的日子。它使人變得消極退縮，逃避人生的責任，以致養成不負責的態度。

這種「明天」哲學之所以令人洩氣，是因為它的根基建立在一個妄想上面：美好的明天就要到了，那時，目標就較容易達到；那時，障礙自會消失；那時，就不會再受到挫折了。

這種「明天」哲學只是一種純粹的嚮往，一種十足的幻想，它會使你退卻、逃避，把你帶向沮喪的其他方面。

不要給自己找任何藉口，積極尋找解決困難的方法吧！只要你的能力可以辦到，只要你的目標值得一試，那麼當下就動手吧。如此可使你不停地工作、前進，這對你是有益的。不論你喜不喜歡，你都必須每天跟自己競爭；你必須擊敗你心中的消極意識。你不能騎牆觀望；你必須加以抉擇。你不跳向這邊就得跳向那邊；不是面對就是背離生活；強化你的自覺，肯定你自己，不然就會變得懦弱無能。工作中一定要保持一顆振作的心。

如何不讓下午的工作效率打折？

巧吃中午工作餐，下午才不睏倦

一日三餐是人類生存的基本之道，為了能夠有更好的精神和狀態進行工作，我們也經常想為自己加餐，豐富營養，以便有好的身體和生理狀況來進行工作。但是，很多人都有這樣的現象：吃過午餐之後，卻開始打起了瞌睡，感到睏倦到不行。本來還想熬過去就可以了，但是，沒一會兒，卻是越來越睏，注意力也沒有辦法集中。為了不影響下午的工作只得小憩一會兒，但是沒想到一趴下就睡著了，待回過神來，已經下午兩三點了，於是急匆匆地開始下午的工作，但是，無奈已經浪費了一兩個多小時，日程表上的工作自然是沒辦法完成的。

那麼不妨來看看你身邊的同事，他們是否也跟你一樣，每一天中午吃過午飯後，要麼懶懶散散，呵欠不斷，要麼直接趴到桌子上睡著了，從而導致自己的日計畫沒辦法按時完成？如果不是的話，那麼，我真要說，這只怕是你自己的問題了。

你真的正確吃好午餐了嗎？

阿洋參加工作已經有半年的時間了，對公司的各項業務和工作流程也有了相應的瞭解，一直以來，也都勤勤懇懇地進行工作。但是，阿洋有一個習慣，就是每天中午午飯之後，必定要小憩一會兒。即使有時候工作很忙，阿洋也總是抑制不住自己的瞌睡，工作進行的過程中就不知不覺趴在桌子上睡著了。然後，醒來的時候，卻已經是下午兩點半，別人已經上班一個多小時了。所以，他急急忙忙開始下午的工作，因為耽誤了一些時間，心裡著急，工作的時候難免出錯，本來時間就已經不是很寬裕了，這麼折騰來折騰去，很快就到下班時間了，而自己依舊有很多工作任務沒有完成。第二天，阿洋為了將工作進度趕上去，努力說服自己不要打瞌睡，不要午休浪費時間。但是，若是沒有午睡，下午的時候就格外疲乏，人也很沒有精神，腦子裡混混沌沌，思路更是不清晰，於是，即使多做了一個多小時，完成的工作任務也沒有比昨天多。幾天下來，阿洋辦公桌上的待辦事項已經遠遠可以做一個新的日程表了。沒辦法，為了能在規定的時間內按時完成工作任務，阿洋只得利用晚上或是週末的時間加班。而這樣做的後果就是，中午的時候更加愛睏，導致下午工作效率極低。

阿洋困擾不已，思考了幾天，覺得不能再這樣下去了，於是決定向企劃部的孫姐請教。孫姐聽完阿洋的傾訴之後，問道：「你覺得自己為什麼中午總是瞌睡不已呢？」阿洋說：「可能午飯吃得飽了，我一吃飽就會發睏。」孫姐笑起來：「這不就找到問題了？巧吃午餐，下午才不會疲乏。」阿洋恍按照孫姐的建議，將午餐分為兩份，一份午飯時間吃，而另一份則留在下午3點半到4點的時段，來給自己補充能量。一段時間之後，阿洋發現自己果然不睏了，中午也不用打著哈欠進行工作了，下午的時候，精神狀態也跟上午一樣，神采奕奕。工作效率自然大大提高，每天都能按時自己的工作任務，再也不用加班了。

我們在工作了一個上午的時間之後，不論是體力還是精力，都會有一定的損耗，而通過午飯的時間，來補充能量或是恢復精神，從而能夠更好地進行後面的工作，是最恰當不過的了。但是，如何吃好午飯而不會產生睏倦，也是我們必須要注意的問題。

為什麼下午的工作效率總是打折

忙忙碌碌一個上午，午餐時間對我們來說何其寶貴。因為這個時候不僅是吃午飯補充能量緩解饑餓地重要時刻，也是將上午的工作告一段落，整理好精神做好下午工作的關鍵時刻。但是，很多人往往會發生這樣的現象：吃過午餐之後，就忍不住打起了哈欠，然後眼睛睏得睜不開，腦子裡也一團迷糊，想事情的角度和方向都有所偏頗，甚至於對工作沒有任何靈感。從而導致下午的工作效率大打折扣，一天的工作任務也難以完成。那麼，為什麼下午的工作效率總是不高呢？

1.午餐吃得太飽，下午工作時就會出現「飯氣攻心」的情況，身體內的能量有很大部分被用來消化食物，腦部血液和氧氣供應不足；

2.經常叫外賣或是吃速食；

3.進餐時間過早或是過晚；

4.吃飯速度過快；

5.一天到晚都坐在辦公室，而不願出去走一走。

怎樣巧吃工作午餐

一天的時間都在忙忙碌碌地進行工作，午餐時間是這8小時內唯一能讓我們「光明正大」休息的時候，並且我們還可以趁這個時候做一些下午的準備工作，以保證高效的工作和積極樂觀的心態，能夠輕而易舉地處理自己的各項事務，早些完成自己的工作日程計畫。所以，我們應該要吃好工作午餐，保證一天的工作效率。那麼，我們又該如何巧吃工作午餐呢？

1.走路去餐廳，活動一下工作了一上午有些僵硬的身體四肢；

2.在餐廳找個安靜的環境坐下來，細嚼慢嚥；

3.進餐速度不宜太快；

4.要注意營養均衡。午餐應以五穀為主，葷素結合；

5.定時進餐。每天11點到下午1點是正常的午餐時間，定時午餐才能使胃腸道功能正常發揮與調節。

幾個注意事項，吃好工作午餐

我們要從各方面綜合考慮，不光要在工作中懂得節約時間，還要在午餐時間學會調節自己一天的精神和生理狀態，使自己一天都能夠處在高效的狀態下，從而能夠完成更多的工作任務，不需要再加班也能按時、按質、按量地做完自己的工作。那麼，在巧吃工作午餐的時候，還需要注意哪些事項呢？

1.少吃零食，只吃低脂肪、低熱量的小吃或零食。

2.在辦公桌上放瓶水，一天內要時常喝水。當你想吃點甜食，就喝杯水，吃甜食的願望馬上就會消失；午餐前喝杯水，可降低食欲，控制自己不要吃太飽。

3.不要讓精神壓力造成暴食。當有精神壓力時，不要拿起食物，而是出去散步，體力活動比吃東西更有利於解除精神壓力。

4.在外面吃的餐點往往比家中的飯菜含有更多的熱量和脂肪。留意公司附近提供低脂飯菜的餐館。不要去速食連鎖店，因為那裡可供選擇的低脂肪食物很少。

5.不要一個人進食，要和同事和朋友一起分享。把注意力放在同伴的談話上，而不是食物上。

6.不吃自助餐，自助餐往往導致吃得更多。

7.注意酒精，它會消耗體能，還降低意志力。如果想飲些酒，最好與汽水混起來喝；另外多喝水和低卡飲料。

效率飆升，掌握成功

一個成功者往往非常珍惜自己的時間。通常，工作緊張的大忙人都希望設法趕走那些來與他海闊天空地閒聊、來消耗他們時間的人，他們希望自己寶貴的光陰不要因此而受到損失。

無論是老闆或職員，總是希望自己能夠再多一點點時間，來更好地完成自己的工作。所以，我們不僅要在工作時間上節約，將不必要的步驟去掉，而且，在休息和娛樂的時候，也要調整自己的狀態，來為下面將要進行的工作做好準備，使自己的工作效率飆升，這樣才能有更多的時間對自己的職業進行規劃，掌握更多的資訊和技能，從而掌握成功！

第五課 零碎時間也要大利用

時間往往不是一小時一小時被浪費掉的，而是一分鐘一分鐘悄悄溜走的。因此，充分利用時間要從每一秒鐘每一分鐘做起。

我們常說，時間就是生命，一寸光陰一寸金。爭取時間贏得時間才是我們提高工作效率的不二法寶。所以，我們更要巧妙得當地利用零散時間，比如，等車時間，可以用來記單詞、背公式，飯後散步可觀察事物、思考問題，入睡前躺在床上，可以總結一下當天的工作，對明天的工作做一個簡單的計畫……

珍惜每一分鐘，要從現在做起，積極利用好瑣碎時間。雖然每次只有幾分鐘的時間，但是積少成多，漸漸地，我們就會發現，在這些零碎時間被利用起來之後，我們可以做更多更有價值的事情。

工作生活中的「微觀經濟學」

以分鐘來測量效率

在日常的生活工作中，我們總免不了要計較時間不夠用，工作太緊張。但是，你是否計算過，大多數我們工作生活中的任務，只需要10至15分鐘就可以完成，但是，往往卻需要數個10至15分鐘的時間來完成這些事情。比如，每天花在通勤上的時間有多少？等人或等車的時候，又浪費了多少時間？會議前的10分鐘你在做什麼？去郵局或是銀行排隊的時候又需要多長時間才能輪到自己……

不妨來看看自己身邊其他的同事朋友，他們是否也是如此，在某些事情上浪費了一分鐘或兩三分鐘，明明看上去一天都在忙，卻還是沒辦法完成工作？如果不是的話，我們只能從自身來尋找一下原因了。

你真的發現工作生活中的「微觀經濟學」了嗎？

阿坤每天在公司都是忙忙碌碌，一刻不得停歇。為了能儘快完成每天的工作任務，每天下班之後，都為自己制定一個詳細周到的日程表，然後第二天上班的時候依照此計畫表進行工作。剛開始的時候，還能夠輕鬆自如，每件事情都能夠在規定的時間內完成，而且還能餘下一點時間看看書、上上網、背個單字準備考試什麼的。但是，自從公司進入忙碌期以來，阿坤就覺得自己的時間明顯不夠用了，每天都有一大堆的事情需要去做。有很多在計畫中本來10分鐘就可以完成的事情，真正去實施的時候，卻需要花費20分鐘甚至半個多小時，於是，接下來的工作只好被無限延期，到下班的時候，自然還有好多當天需要完成的工作沒有時間去做完。然後，阿坤不得不利用晚上或是週末的時間，將落後的工作補上，以確保自己的工作進度。

一段時間之後，阿坤就覺得這樣子實在太累了，一個月下來，沒有一天可以好好休息一下，自己的很多業餘學習課程也不得不被迫停了下來；生理狀況就要達到極限的同時，精神狀態也漸漸變壞，每天完成的工作任務於是也漸漸變少。阿坤苦惱不已，希望能夠改變目前的狀況。在某一個慶功會上，阿坤結識了人事部的姚主管，兩人相談甚歡，於是，在宴會後，阿坤向姚主管傾訴了自己的煩惱。聽完阿坤的敘述之後，姚主管向他提出了一個小建議——以分鐘來測量效率，看看自己每一分鐘都做了些什麼，時間又是怎樣被用掉的，有沒有可以節約下來的時間去做其他的事情？比如，去銀行排隊的時候，可以拿本單字本看上幾眼；等車的時候，可以聽一聽有聲讀物；下班路上，可以反思一下自己當天的工作，順便為明天的工作做一個簡單的計畫……這樣，你就會發現，其實自己一天裡還可以擁有更多的時間，來完成工作或是做自己想做的事情。於是阿坤就按照姚主管的建議去做，一段時間之後，果然發現自己一天裡能夠完成的工作量大大增加，而且，也有了時間去學習新的知識和技能。

我們常常習慣了以每天或者每週的工作量來計算自己的工作效率，從而不經意間被浪費掉的幾分鐘時間就會被忽略了。但是，若能把這些事件積累起來，也是一筆相當大的財富，可以完成更多更有意義更有價值的事情。所以，我們要學會從微觀上來計算工作效率，每一分每一秒都要認真利用起來。

為什麼要以分鐘來測量工作效率

每天都有很多的零碎時間被我們浪費了。我們沒能有效的運用這些時間去完成任何事——我們也沒有把這些時間用來休息。通常我們感到無聊或者挫折的時候就會產生很多的零碎時間。

它們發生在我們工作的間隙，例如：會議前的10分鐘、等水煮開的時候、等公車或者火車的時候、塞車的20分鐘裡、在郵局或是銀行排隊的時候……有太多時候我們僅僅是抖抖腳就把這些時間浪費了。但即使只有5分鐘零碎的時間，我們也可以很好的利用。當把這些不經意的一份一秒都用來測量工作效率的話，我們就會發現：其實時間並沒有那麼緊迫。那麼，以分鐘來測量工作效率究竟有什麼好處呢？

1. 學會擠時間，積少成多；
2. 善於利用零散時間；
3. 節約不必要的時間浪費；

4. 提高自己的工作技能和時間管理技巧；

5. 大大提高工作效率。

怎樣以分鐘來測量效率？

當今時代，隨著科技的進步，操作簡易的機械雖然取代了程序繁複的手工，但奇怪的是，人類的忙碌卻未見其減，反見其增；人類的快樂則未見其增，反見其減。究其原由，不外是因為許多人一味地忙於比較、計較，以致於將自己逼到精神的死角裡去。

即使你的工作是非常忙碌的，你也會偶爾有幾分鐘無事可做。比如你那老舊的電腦當機了正在等待重開機，或者你在等待一個電話會議而不能去做其它工作。如果我們每個人都能夠善於「利用零碎的時間」，提煉自己的效率，相信每個人能擁有積極進取的人生。

1. 5分鐘的時間↓為使你困擾的工作寫一個任務清單或核對清單——它將馬上讓這工作看起來是容易處理的；或者清理垃圾郵件——那些你可能永遠都不會打開的郵件，毫不猶豫的刪掉這些垃圾！

2. 10分鐘的時間↓整理你的桌面——將檔案依專案項目放入歸檔，扔掉那些沒有用的；或者回覆一些簡短的郵件。

3. 20分鐘的時間↓寫一個工作大綱，核對一些實際情況；或者打一些被你推遲了的工作電話。

4.外出的時候→帶一支筆和一個小筆記本，在漫長的等待時間裡，記錄一些臨時想法或者整理一下工作思路。

5.上下班路上或是等車的時候→聽一聽有聲讀物或者背幾個單字。

幾點關鍵，大大提高效率

在人人喊忙的現代社會，一個人愈忙時間被分割的越精細，無形中相對流失的也更為嚴重，諸如等車、候機、對方約會遲到、旅程、塞車等等，這些情況下我們都必須「等」，而這些等待的時間無疑大大影響了我們的工作效率。為了提高工作效率，我們就要把這些時間都利用起來，做到每一分鐘都要高效。那麼，在以分鐘測量工作效率的同時，我們還要注意哪些關鍵事項呢？

1.依舊要制定計劃，按照計畫進行工作，同時穿插利用零散時間；

2.在每一個可利用的時段裡，檢查自己的計畫執行情況；

3.正確處理常規工作任務和自己業餘安排的活動；

4.及時修訂計畫中不合理的地方；

5.整理每一天的感想和經驗教訓。

爭分奪秒，把握成功！

運動場上，以十分之一秒或百分之一的時間差，決定誰是紀錄的創造者；在航海中，使用六分儀的海員，一秒鐘的差錯，將使他的觀測相差四分之一英里；人造衛星每秒鐘飛行11.2公里；電腦每秒鐘可以運行百萬次、千萬次、上億次、幾十億次；高能物理實驗，要求高能探測器在千分之一毫秒內精確地記錄下高能帶電粒子的徑跡。總之，對現代科學來說，「爭分奪秒」已經不夠了。

在我們的日常生活中，有許多零星、片斷的時間，如：車站候車的三五分鐘，醫院候診的半個小時等等。如果珍惜這些零碎的時間，把它們合理的安排到自己的學習中，積少成多，就會成為一個驚人的數字。而這些時間能否好好利用，恰恰會成為我們能否成功的關鍵。

總是在漫無休止的等人？隨身攜帶一本書

我們是否常常會遭遇這樣的情況：在一天的活動時間裡，可能常常不管如何精密規劃的情況下，還是必須等待。乍看之下，這些時間可能永遠無法追回；當你忙得不可開交而又必須等待的時候，又該怎麼來改變這種被動的狀態呢？比如，等車候機的時候，或者排隊辦事的時候，這些時間看似都是無法節省的。但是，時間被無端浪費之後，我們利用剩下來的時間再來做計畫表中的常規工作就顯得有點緊迫了，所以，加班在所難免，是嗎？

你真的沒有把時間浪費在等待上面嗎？

小劉是公司的出納，日常事務並不是很多，通常情況下，都能在下班前完成。然後，晚上還有些時間可以去看看書、上個課，為自己接下來的會計師考試做些準備。但是，前段時間人事調整之後，小劉就不得不去跑銀行或者郵局，甚至有些時候還要陪伴老闆外出談業務或是出差。這樣一來，小劉就覺得自己的時間一下子變得緊迫起來，一天中大半的時間都浪費在排隊或是等人等車上面。然後，等辦完事情回到公司，已經沒有多少時間可以用來處理日常事務了，為了趕上別人的工作進度，不給其他同事帶來麻煩或是困擾，小劉不得不利用晚上或是週末的時間，將自己沒有完成的工作一一繼續處理好。但是，這樣做的後果就是不僅沒有時間學習，而且連休息的效果也大打折扣。堅持了一個月左右之後，小劉就覺得力不從心了。

在一次業務會談中，小劉與業務部的張主管一起出發，兩人在回來的途中聊得很是投契，張主管對於小劉的勤快和機靈也很賞識。於是，小劉將自己的情況向張主管說了一下，希望能夠得到建議，改變目前的被動狀況。張主管聽完他的傾訴之後，向他提出了一個小小的建議——隨身攜帶一本書，在等待的時候，翻看幾頁，甚至可以做一下筆記。這樣，因為加班導致沒辦法學習而耽誤的時間，就可以在無數次的等待裡補償回來了。小劉恍然大悟，按照張主管的建議去做，一段時間之後，發現自己的課程果然沒有落後，考試的時候，也發揮出了自己的實力。因為有了更好的實力，在新的人事調動到來之時，小劉終於不再是出納，而成為了公司的一名會計，有了更好的發展規劃。

不管你多麼有效率，總是有人讓你等待：你可能錯過公車、火車、飛機，碰上出其不意的中途休息；你也許已經盡可能地小心計畫每一件事，但是仍可能意外地被困在機場。許多高成就者在這種情況下所做的事情是：帶本書看；寫點東西；修改報告；檢查語音信箱；打電話；檢查電子郵件等。

為什麼要隨身攜帶一本書

去看醫生時帶一本書，這樣你就不必看他們的雜誌或其它無益的東西。一位參加某個研討會的公共關係主管告訴與會學員，他在電話旁邊放了一疊閱讀資料，每次在等對方接電話時便可以翻閱。一位必須在機場花很多時間的業務員說：「每次在下飛機去領行李的路上，我就停下來打電話，等我打完電話時，行李也已經出來了。只要能夠利用，任何時間都不要浪費。」可見，為了提高工作效率，在等待的時候隨身攜帶一些資料是很有必要的，那麼，隨身攜帶一本書究竟有哪些好處呢？

1. 有事可做，耐心等待，而不要慌張或是著急；

2.利用閒暇或是零散時間，來看一些平時想看卻沒時間看的小說；

3.透過看一些資料，調整一下自己的思路，尋找更好的解決辦法；

4.將一分一秒的時間都利用起來，提高效率。

簡單幾步驟，輕鬆改變浪費時間的不良習慣

不論是在工作中還是在日常生活中，既然總有免不了等待的時間，那麼，我們就要學會利用這些時間來做一些更有意義的事情，使自己一天都處在高效之中。不僅要認真積極完成自己的工作，而且可以在看似不可節省的時間裡做更多的事情。愛因斯坦說過：「人和人的差別就在於你的業餘時間，業餘時間其實很重要。」這也就是你和別人的區別，要注意的事情有那些呢？

1.爭分奪秒，快速完成工作；

2.需要等待的時候，隨身帶一本書，看上幾頁，不要讓時間盲目流失；

3.不偷清閒，不閒逸趣，什麼時候都要讓自己有事可做；

4.約會的時候要掌握好時間，儘量減少等待時間。

幾個關鍵事項，輕鬆掌控時間

在我們的日常工作和生活學習中，經常會有一些零散的等待時間，這些時間看似不起

眼，或者每次只有兩三分鐘，似乎不值得拿來做什麼事情。但是，若每天的工作中，都會有幾個三五分鐘，那麼一天就有十幾分鐘，一個月下來就是五六個小時，這個數字是相當可觀的。所以，我們務必要把等待的時間好好利用起來，做一些有價值有意義的事情，而不能平白浪費掉。那麼，在等待的時間裡除了讀一本書或者做點別的什麼事情，還需要注意哪些事項呢？

1.事前做好計畫，儘量節省等待時間；
2.事事爭先，節省時間，積少成多；
3.利用等待的時間讀一些與工作相關或是人際關係之類的書籍；
4.通過調整計畫，省略不必要的等待或是約會。

贏得時間，挑戰機遇！

在職場上，面對一項項富有挑戰的工作，你能夠拖延嗎？時間就是機遇！你的一點點拖延可能會耽誤整個公司的流程，喪失最佳競爭時機，而你也失去了成功的機遇。歷史上，凡是立志闖一番事業、為人民多做貢獻的人，沒有一個是不珍惜自己的時間的。因為節省時間，就等於延長了可以為人民創造價值的生命。為了追求人生的成功，要充分認識時間的價值，好好利用時間，就一定能收到良好的結果。

上班下班總是昏昏欲睡且無所事事？

讓有聲讀物為自己隨時充電

一天的工作結束後，在下班路上，我們經常都做些什麼呢？是不是大多數情況下都是無所事事坐在班車上昏昏欲睡呢？也許你會覺得，一天的工作忙下來，自己已經很累了，在公車上休息一下也無妨；都已經下班了，還做什麼？當然是無所事事了。但是，在下班途中，你昏昏欲睡的時候真的休息到了嗎？一天的工作結束後，你真的無所事事了嗎？再來想一下，你每天浪費在上下班路途中的時間有多少呢？尤其身處大都市的上班族們，加上堵車交通路線等問題，相信這將是一筆不小的數字。

這時候，不妨來看看身邊比自己出色的同事朋友，在上下班的路途中，他們是否也是如此無所事事、昏昏欲睡嗎？還是將這段時間合理地利用起來，隨時隨地給自己充電，以規劃更好的人生和職業生涯呢？那麼，我們是否也要利用好這段不可小覷的時間，讓自己做一些更有價值更有意義的事情呢？

你真的利用好上班下班的時間了嗎？

阿揚參加工作已經有半年的時間了，一直兢兢業業、勤奮刻苦，每天也都能夠把事情處理的井井有條。但是，阿揚還是感覺時間不夠用，因為公司離家比較遠，每天上下班就要花費近三個小時，所以，每天不得不早起，匆匆洗刷整理完畢，在樓下買份早餐然後就去等待公車，在公車上面吃早餐。到達公司的時候，已經接近上班時間了，阿揚於是匆匆忙忙整理好自己的辦公桌，開始一天的工作任務。下午下班之後，收拾好辦公桌，就跟同事一起到樓下等公車，回到家差不多已經8點了，照例在路邊吃個晚餐，回到自己的房子，洗漱完畢，又到了睡覺時間。結果，本來準備想看的書、想聽的歌、想學習的技能，也不得不放棄，只能想：等週末再看吧。可是，到了週末，又有了其他的安排：跟朋友出去玩、回家看望父母、公司臨時有活動等等，於是，書本、資料之類的事情再次被擱置。

一次員工大會上，阿揚認識了業務部的林主管。聽說林主管不僅工作認真，業績在公司裡也是最好的，而且還自學了大學課程，阿揚佩服不已，希望能夠跟林主管交流一下提高工作效率的方法。林主管聽完阿揚的敘述之後，向他提出了一個小建議——在上下班途中，用有聲讀物來給自己充電。比如，平時想看的一些書、想聽的一些歌曲，或是想學習的一些資料，都可以製作成有聲讀物，在公車上聽一聽，不僅學到了東西，而且可以讓自己有個好心情。阿揚按照林主管的建議去做，一段時間之後，發現很多自己以前想做卻沒有時間去做的事情，在不知不覺中後已經完成了！而且，上班途中已經調整好了心情，在工作中也格外高效，下班後在班車上將想要做的事情也完成了一部分，回家之後，就不用匆匆忙忙，而是儘量輕鬆地去吃晚飯、散步，然後入眠，整個人的精神狀態也不覺好了起來。

上下班途中，我們經常會覺得無事可做，但就其時間的效率來說，這個時候反而是學習的最佳時間，完成了工作，心情輕鬆，不是在工作時間，也無法四處走動，所以相對比較安靜，也不會有人來打擾，可以盡情沉浸在自己的世界裡，學習自己想要瞭解的知識，給自己充電。

為什麼要利用上下班的時間來充電

當你已經從事了一份看上去不錯的工作，而且有著一份相對穩定的薪資收入時，你可能很難再去思考有關職業發展的事情了。可人無遠慮，必有近憂。一個有遠見、有志向的人，是不會為了眼前一時的安逸而忽略了長遠打算的。畢竟我們處在一個競爭日益激烈的社會，逆水行舟不進則退，要想讓自己現有的工作更加穩定，甚至更有發展，再學習，再深造，將是必不可少的。

職業發展的最佳途徑之一就是考取特定行業證照或回歸校園學習以獲取某一學位。可對很多工作的人而言，回歸校園或考取證照的想法會因為它們的全職工作、以及家庭等方面的而難以實現。不過，事在人為，只要你肯努力，邊工作，邊「充電」還是有可能實現的。所以，我們就要學會上下班的時間來給自己充電，不斷進步。那麼，這樣做究竟有什麼好處呢？

1. 學會利用各種零散時間；

2.不斷給自己充電，成為公司的支柱；

3.閒著也是閒著，不如利用這段時間來做些有意義的事情；

4.給自己更加長遠的規劃；

5.做出更有利於自己職業發展的選擇。

怎樣利用上下班時間為自己充電

不竭充電是我們保住飯碗的最主要的法寶，把握任何機緣、用上下班時間來進修自我充實。對於大多數工作人員來說，辛苦了一天之後，很少有人有精力再去讀夜校，更會由於各種各樣的原因，不可能放棄目前的工作再繼續去深造。這時候，上下班途中的時間就成了我們得以利用的好時機。那麼，要怎樣做，才能更好地利用這段時間來為自己充電呢？

1.按週劃分自己的學習計畫，每天積累一點；

2.把一些重要的學習資料製作成音訊檔，在火車或是公車上聽；

3.擠時間學習，比如走向車站的5分鐘，可以順便背幾個單詞；

4.某些學習資料可以同步進行，比如一邊記憶單詞一邊背課文；

5.做出一些犧牲，在考試前，將看電影或是逛街的時間也用來看書。

幾個關鍵，學習成自然

只要在公司工作，就免不了要上班下班。這樣的話，肯定誰都會想，與其把上下班路上的時間作為不自由的無聊的時間來渡過，還不如把它作為愉快的有意義的時間來渡過。比如，利用這段「工作之外」的時間來學習一些新的技能，為自己充電。那麼，在利用上下班時間充電的過程中，還需要注意哪些關鍵事項呢？

1.聽音樂的同時為自己一天的工作做一個簡單的計畫；

2.將資料做成電子檔案，方便查看；

3.下班途中，邊聽MP3邊回顧自己一天的工作狀況，做個總結；

4.加強記憶的技巧在於「反覆」，要反覆傾聽學習資料；

5.通過自己喜歡的電視節目或是廣播來提高某些方面的能力。

適時充電，規劃美好人生

江山代有才人出。一份好的工作，相信有無數人會爭先恐後地來應聘，即使作為老資歷的員工，我們也不一定就能保證自己可以永遠保住這個飯碗，雖然我們可能對業務比較熟悉，但是，後來的新人，也許比我們更合適目前的工作職位。所以，我們必須通過不斷地充電來充實擴展自己的知識面和新技能，確保自己能夠一直走在工作職位需求的前面，而不要需要什麼再去學習什麼。即使有些新知識可能暫時用不到，但是，我們常說「技多不壓身」，能夠掌握一門技能總歸是好的，對我們的職業規劃也有莫大的幫助。

走路的時候能不能多些思考？每天反思自己的工作中的不足

每天我們都在為工作忙忙碌碌，一刻不得停歇，以致於每天下班後，都是匆匆忙忙地回家，然後再為自己的私事勞心勞力，卻沒有時間來反思自己工作中的不足和造成困難以及損失的原因。也許，你會為自己找藉口說：工作太忙了，每天那麼多事情就已經忙不過來了，怎麼還能夠有時間去寫總結呢？一天到晚工作排的滿滿的，一點自己的時間都沒有，又不是不想做總結，歸納自己工作中的不足，只是沒有時間來做這些事情而已……

我們只是在不斷地尋找著各種的理由，卻很少進行自我反省！

你真的沒有沒有時間進行工作總結或是反思嗎？

阿晨大學畢業不過三個月的時間，進入公司以來，也是一直認真努力，剛剛渡過試用期，成為公司的一名正式員工。工作中，阿晨一直忙碌不堪，從早到晚忙得腳不沾地，一刻不得閒。清早來到辦公室就開始忙工作，就連午飯時間也一直在看檔案，直到下班時間，才匆匆收拾好自己的辦公桌，將完成的工作堆起來，然後步行回家。回到家之後，開始準備晚飯，等吃過晚餐，差不多已經9點的時間了。然後稍微為明天的工作做一個簡單的計畫，就差不多該睡覺了。一天的時間就這樣過去了。許多本來想做的工作總結和記錄今天工作中遇到的困難以及解決辦法的功夫就成空了，於是，一天天拖下去，這些經驗和教訓漸漸被忘卻了。等到某一天，再去做相似的事情時，才突然想起來，自己曾經做過同樣的事情，也遇到過同樣的苦難，但是，解決的方式方法卻早已不記得，只得把它當作新遇到的情況去處理，結果本來很容易就能解決的事情卻因為沒有做總結沒有反思而花費了兩三倍的時間。

經過這次教訓，阿晨告誡自己一定要記得反思總結，但是，回到家之後，又再次重複往日的節奏，將這件事情一拖再拖。阿晨為此苦惱不已，怎樣才能抽出時間為自己一天的工作做一些反思，糾正自己的不足呢？

一次業務上的合作，讓阿晨認識了分公司的趙經理，趙經理不僅業績好，而且對任何工作似乎都有獨到的解決辦法，聽說這是多年的工作積累。阿晨羨慕不已，於是向趙經理請教什麼時候能夠抽出時間來反思自己工作中的不足並進行總結。趙經理聽說了阿晨的情況以後，向他提出了一個小建議——走路的時候要多進行思考，不論是工作中的難題還是經驗，都可以在去吃午飯的時候、去廁所的途中或者回家途中進行思考，回到辦公桌上，就要立刻記錄下來。然後日積月累，就會發現工作中再也沒有困難的事情了，工作效率自然也就大大提高。

從此，阿晨按照趙經理的建議去做，充分利用自己走路的時間，對工作中的某些問題進行反思，並且及時記錄，一段時間之後，發現自己的工作效率果然大大提高，很多事情只要看一眼就能立刻敲定方案，而不用費盡腦細胞再去冥思苦想。

其實，我們的工作很多時候都是重複相似類型的事件，只要最初的時候把一件做好了，後面的自然也就水到渠成了。我們經常口口聲聲為自己找藉口：時間太緊張，工作太多，哪有空去做總結？那麼，走路的時間總是有的吧？何不利用路途中的時間來進行反思呢？

為什麼要每天反思自己工作中的不足

不論我們每天都在做什麼樣的工作，也不論這個工作是大是小，有多麼的重要或是不重要，我們都能從這個工作中學到一定的知識，得到某些經驗教訓，所以，我們要隨時對自己的工作進行反思和總結，確保下次遇到同樣類型的工作時，能夠迅速做出反應並想出解決辦法，從而在最短時間內解決事件，大大提高自己的工作效率。那麼，每天對自己的工作進行反思究竟還有些什麼好處呢？

1.見微知著、防微杜漸，把錯誤扼殺在萌芽階段；

2.戒驕戒躁、毋怠毋慌、謹言慎行；

3.保持清醒的頭腦，隨時都能冷靜處事；

4.及時總結自己的錯誤、缺點和不足，並加以改正；

5.及時捕捉靈感。

怎樣做到每天都對自己的工作進行反思

通過不斷反思，我們能夠從中發現自己的不足，以便揚長避短，加深對工作任務的理解，取得進步。

因此在以後的工作中時刻告訴自己，多去反思吧。因為一般情況下，事情過去之後會隨著時間的推移而被淡忘。而反思過後並記錄下來的話，卻能夠幫助自己把工作實踐中的經驗、問題和思考積累下來，使自己對自己工作中的典型事例和思考深深地記憶下來。同時因為積累作用，自己才會真正成為一個有豐富工作經驗和理性思考的成功人士。那麼，我們該怎樣做才能使自己每天都能夠對工作進行反思呢？

1.工作間隙出來走一走的時候，不妨把工作中的難題一起帶著思考；

2.上下班路途中或是從公司走向站牌的時候，大概反思一下一天的工作境況；

3.回到辦公桌前，要立刻將自己反思的結果記錄下來；

4.遇到難題，要及時思考解決方法，若是第一次遇到，則要進行反思總結；

5.擅用反思，快速解決問題。

幾個關鍵，讓工作效率大大提升

既然知道了反思對我們工作的重要性，那麼，在日常的生活工作中，我們就要學會時刻進行反思，對自己工作中出現過的問題和解決方法以及處理事情的一些捷徑，進行認真地思考，不論是在上下班途中、還是去茶水間的時候、或是工作間隙站起來休息的時候、再者午飯去餐廳的路上……這些看似不起眼的時間，都能夠成為我們反思總結的重要時刻。因為在走路的時候，心無旁騖，也不會突然來有人打擾，而且處於活動中，心思敏捷，正是我們進行思考的好時機。那麼，走路的時候多多進行思考還要注意哪些關鍵事項呢？

1. 對已經完成的工作，要及時進行反思總結；
2. 對正在進行的工作中遇到的難題，要認真思考並借鑑以前的解決方式；
3. 充分利用每一分鐘，走路的時候記得換個思路進行思考；
4. 路途中適當進行思考，但不要把全部精力都用於思考從而忽略了周圍的境況；
5. 不光要自己進行反思，也要跟別人進行交流，徵詢別人的意見。

充分利用每一分鐘，成功指日可待

每一個成功者都是時間管理的高手，但是世界上那些最成功的人事實上就是最善於利用零星時間的人。節省下每一分鐘並善於利用它，用它獲利，它就使你的生命更有意義更有潛力。你要有這個意識：失去的每分鐘一旦失去，就再也要不回來。

想想早飯前的一刻鐘，想想晚餐後的半小時，上下班路途中的幾分鐘或是幾十分鐘，中午走去餐廳的路上，這些事件看似微小，卻是每天都存在的，用這些時間去記去算去讀去想今天可能會出現的與你的工作有關的事。這些都是你日常生活的零星時間。

充分利用每一分鐘，正確利用好這些零星時間，你就可能發現許多偉大人物所發現的東西，就會發現利用零星時間的真正妙處。日積月累，你就會發現，自己離成功已經只有幾步之遙，甚至已經觸手可及！

工作累的頭昏腦脹？可以適度看些資訊與新聞

每天朝九晚五，忙忙碌碌地進行工作，即使一刻不得閒，卻總會覺得時間太緊迫，不夠用，好多事情都沒辦法在預期的時間內完成，於是，恨不得連吃飯睡覺的時間都一併省略了。即使如此，也總有8小時不足以完成工作任務的情況。這時候，大家都是怎麼做的呢？是不是，即使已經累得頭暈腦脹，但是為了能夠準時完成工作，而不至於拖延時間，所以拼命死撐著繼續工作？但是，結果呢？因為太勞累，腦子迷糊不清，即使強迫自己在進行工作，但是效率卻是大大降低，所以，即使這段時間並沒有閒下來，卻也沒能按時完成工作任務。

被工作累的頭暈腦脹的時候，你的工作真的還高效嗎？

小東工作已經快一年了，從最初的懵懵懂懂到如今熟練掌握了公司的各項業務流程，小東一直兢兢業業，勤奮刻苦，認真對待工作中的每一個細節。有時候即使加班，也毫無怨言，依舊認真做著自己的工作。很多時候，一個上午的工作結束之後，常常是忙得頭暈腦脹，打不起精神，但是，看看桌子上的一大堆檔案，記事本裡仍需要去做的一大堆事項，就硬是忍著，逼迫自己不要耽誤一分鐘的時間，一天到晚都在處理工作。看上去，小東一天都忙的不可開交，沒有偷懶也沒有開小差，但是往往一到下午，工作效率就大大降低了，本來能夠輕鬆完成的事件，也因為頭腦不清醒，反應遲鈍，想事情也比較慢，從而到下班的時候，往往只處理完了三分之二的工作。於是，晚上不得不加班或是犧牲週末的休息時間來趕進度。長時間這樣的工作強度之後，小東覺得自己有點力不從心了，於是，決定向其他部門的同事請教一下，怎麼才能更好更快地完成一天的工作。

一次偶然的機會，在公司的員工大會上，小東認識了人事部的梁經理，兩人相談甚歡。於是會後，小東將自己的苦處向梁經理傾訴了一遍，希望能夠得到合理的建議，改變自己目前的被動狀態。聽完小東的敘述之後，梁經理向他提出了一個小問題：「你為什麼會覺得自己下午的效率比較低呢？」小東想了想，回答：「因為一整個上午的工作之後，下午就會覺得又睏又累，腦子不好使了。」梁經理笑起來，向他提了一個建議——覺得頭暈腦脹的時候，不妨停下工作，看看新聞資訊、上上網，讓自己輕鬆一下，等狀態變好了，再繼續工作，效率不就提高了嗎？小東恍然大悟，從此後在工作到疲乏的時間，就先停下手頭的工作，看看報紙，或是上網流覽一下新聞資訊之類的東西，再或者聽聽音樂，然後，再繼續工作。一段時間之後，果然發現自己的工作效率大大提高。

即使工作很多，也不是一味地埋頭苦幹就能解決事情的，有時候，我們也需要適當的休息一下，才能保持良好的工作狀態，使自己隨時都能保持高效。這樣，才能保證自己一天的時間都是花在刀口上，才能順順利利完成一天的工作任務。

為什麼要適當看些新聞資訊

很多時候，我們就是在為了工作而工作，只想著趕快完成今天的工作任務，然後就可以有屬於自己的時間了，於是，從早上上班開始，就一直不停地埋頭苦幹，不喝水不去廁所，就只是待在辦公桌上做個不停，但是這樣做的時候，你真的快速完成自己的工作任務了嗎？如果沒有的話，又是哪裡出了問題了？一整天忙的頭暈腦脹，在這樣的狀態下工作，真的能達到高效嗎？既然沒有，為何不適當看些新聞資訊，來振奮一下精神呢？

1. 緩解一下精神壓力，調整到新的工作狀態；
2. 給自己一點休閒的時間，而不要盲目工作；

3.轉移一下注意力，舒緩疲憊；

4.適當瞭解當下的時事，而不要只是埋頭工作，兩耳不聞窗外事；

5.保持良好的精神狀態，一天都高效。

怎樣在頭暈腦脹的時候繼續保持高效

忙忙碌碌的工作，一個人總有疲憊的時候，但是，工作擺在那裡，不會因為疲乏而減少，也不會自動消失掉。為了保持高效的工作，以確保能在規定的時間內完成日程表上的任務，在疲乏之後，我們是要繼續硬著頭皮工作呢？還是緩解一下再繼續呢？相信有經驗的上班族都會選擇後者，那麼，在忙的頭暈腦脹之時，我們該怎樣繼續保持高效呢？

1.工作50分鐘至1個小時後，放下手裡的檔案，看看報紙；

2.站起來看看窗外的景象，而不要一味埋頭在電腦前；

3.看看當天的新聞資訊，瞭解一下時事；

4.沏一杯茶，上網瀏覽一下自己感興趣的話題；

5.輕鬆一下，為自己接下來的工作有一個好的狀態。

幾點關鍵，輕鬆工作

不論工作多還是少，我們每天都在辦公室裡忙忙碌碌，似乎連一刻鐘都閒不下來，但是，真的有如此忙碌嗎？在如此忙碌的情況下，你真的覺得工作輕鬆了嗎？還是說只要忙碌起來，就能更好更快地完成工作？實際上並非如此吧？有時候越是忙反而效率越是低下，那麼，究竟該怎麼樣才能提高一天的工作效率，不讓自己被工作累的團團轉呢？這時候，我們就要學會適度地方式放鬆，比如，在工作勞累的間隙，看一些與工作無關的雜誌或者報紙，換一下心情，輕鬆一下，或許接下來的工作更加高效。那麼，我們還需要注意哪些事項呢？

1. 控制好時間，不要把過多的精力放在無關的事情上；

2. 適度看些雜誌，聽聽音樂，而不要看些反差過大的資料；

3. 最好選擇短小，幾分鐘就能看完的資料，這樣才好儘快回復狀態；

4. 把心情轉換看作一種休息，不要給自己更多的壓力。

學會工作，精神百倍

我們不是為了工作而工作，若是每天剛坐下來，都把自己累個半死，下班之後一點精神都沒有，彷彿8個小時的工作就將自己的精力和體力榨乾了，那麼這分工作是否做得太過於委屈？看看身邊的大多數人，他們會不會有這樣的情況？如果人家一天下來，仍舊是精神奕奕，一點頹廢狀態都沒有，那麼，我們是否該考慮一下怎麼改變一下自己的工作狀態呢？學會工作，也要學會休息，才能時刻讓自己保持高效。我們要掌控工作的進度，按照自己的想法和計畫來進行工作，而不要讓自己圍著工作轉，只有掌控了工作的進度，我們才能掌控時間，才能保持好的精神狀態來繼續後面的工作，才能把握成功！

遇到有意義的事情？隨身攜帶空白卡片記錄點滴心得

不論是在辦公室裡進行日常的工作，還是外出談業務，或者是在職充電，我們經常會遇到不同的事情，不同的人，很可能每個人對於同一件事情的看法和解決方式都不太一樣。那麼，其中肯定有比自己的解決方式更好的辦法和經驗教訓可取，這時候，若是我們把這些經驗和教訓以及其他人所想到的解決方式記錄下來的話，對我們的工作想必大有裨益。或者，在路上，我們可能會看到某些令我們感動或是受到啟發的事情，心裡會有某些感想，這時候，你可能也很把這一刻記錄下來吧？

你真的知道在日常工作中遇到有意義的事情該怎麼處理嗎？

小新的工作一直比較忙碌，雖然大多數都是簡單並且不需要花費太大力氣和精力的事情，但是，一天到晚，也幾乎沒有閒下來的時候。於是，想看的雜誌和對工作中的一些總結建議之類的東西，即使有時候恰好想到了，也因為忙於手頭的工作，沒有放在心上，更沒有去記錄下來，等忙完了，有一點時間了，卻又忘記須要記錄的是什麼了。常常在上班的路上，看到一塊看板，於是想到公司的最新企劃可不可以按照這個模式來做？看到商場的宣傳條幅，會想到哪個產品比較適用於這種宣傳方式；路上接到其他公司的宣傳人員遞過來的海報DM，也會想一下自己公司做的跟這個有什麼區別……但是，等到了辦公室，滿腦子都被即將開始的工作所佔據，這些事情於是不再去想，等忙過一陣子，吃午飯的時候，終於有了幾分鐘的閒置時間，再去想這些事情的時候，卻發現當初的心得或是靈感已經完全不知所蹤了。會議上，大家都侃侃而談，提出自己的新見解或是好的解決方式，但是小新卻往往沒有能夠拿得出手的東西，即使平時想了很多，卻因為事前沒有準備，等到真正要用到的時候，才發現自己腦子裡根本一無所有。對此，不光主管對小新頗有意見，覺得小夥子即使很認真很踏實，卻不夠靈活也不太上進，而小新自己也對這種狀態很是無奈，迫切想要改變。

想到每次在員工大會上都很活躍的同事小張，小新自慚形穢之下，決定向人家請教。小張聽說了小新的情況之後，向他提出了一個建議——隨身攜帶一張卡片，隨時隨地記錄下自己的心得和靈感，這樣，日積月累下來，就知道自己在哪方面比較擅長，而哪些是不足的，同時在主管問起的時候，也能夠快速準確地說出自己的想法。小新按照小張的建議，隨身攜帶一張小卡片，不論是在路上還是在工作間隙歇息的時候，看到某個景象產生的靈感或是心得隨時記錄下來。一段時間之後，發現不僅自己處理事務的效率提高了——因為很多事情先前都有了經驗，而且對於公司的各項新企劃新任務也有了更好地提議。老闆對此很欣喜，於是將小新調到更合適的部門，並且升職加薪。

很多時候，我們往往為了忙於工作而忽略了可以解決工作中一些難題的根本方法。工作之餘，不論是在路上還是在某個地方，某一個瞬間，或許就能產生解決問題的靈感，或者對已經發生的事情有了心得體會，這時候，如果我們及時記錄下來，就可以保證自己下次不會再犯同樣的錯誤，並且對於工作也有了更好地體會和建議。

為什麼要隨身攜帶一張小紙片

比起正在工作的時候，在路上或是偶然發現什麼景象的時候，我們反而更容易對自己目前的工作狀態或是遇到的難題以及面臨的新狀況有一個更深刻的認識，也更有可能想到新的心得體會或是得到新的靈感。所以，我們要隨身攜帶一張空白卡片，隨時記錄自己的心得或是靈感。這樣，在用到的時候，才不至於一場空。那麼，隨身攜帶一張卡片還有什麼好處呢？

1. 隨時記錄自己的心得或是靈感；
2. 不論在什麼地方，都可以做記錄；
3. 日積月累，自己對於很多事情的想法和解決辦法也會積累下來，往後工作的時候就會更加得心應手；
4. 人多的地方或是與人交談的時候，可能更容易產生靈感或得到體會。

怎樣對待遇到過的有意義的事情

離開辦公桌前，在回家的路途中，在前往餐廳的路上，在業務談判中，在員工交流大會上，或者，在某一個全體員工討論會上……這些時候反而比我們埋頭工作的時候更容易得到資訊，對於工作中的難題或是新的企劃方案也容易得到好的靈感，但是，因為不是在工作中，很多人往往也就只是想一想，然後就忽略了，以致於日後想用到的時候，卻已經忘記了。那麼，不在辦公場所的時候，我們該如何記憶這些有意義的事情呢？

1. 隨身攜帶一張小卡片，隨時隨地記錄自己的心得；
2. 不論是在路上還是在別的什麼場所，提醒自己多思考；
3. 適時與別人交流，看看其他人對於此工作是什麼看法；
4. 將大家的方案融會貫通，找到最簡單最合適的解決方法。

幾點關鍵，讓工作更有意義

雖然看上去，我們每天從事的工作都不一樣，但是，仔細觀察，不難發現，這其中有很多相似類型的事件，如果我們能夠及時把自己對於每一件事情的想法和有可能更加實用的解決方案記錄下來，再次去做同樣類型的事件時，就會更容易實施，節約更多的時間，大大提高我們的工作效率。那麼，在隨時隨地記錄心得的過程中，還需要注意哪些事項呢？

1. 即使不是在自己工作範圍內的工作事宜與相關心得，也要隨時記錄。沒有誰能保證，自己就一定要在哪個職位上做一輩子；

2.其他公司的宣傳、策劃之類的也要學習借鑒；

3.相似產品的製作加工或是廣告也要多加注意；

4.多多聽取別人對於已經出現的海報或是其他宣傳方式的看法。

積累靈感，讓工作像遊戲般輕鬆

不論我們從事什麼工作，總有遇到困難的時候，而有些困難也可能三番五次的遇到，或者同一類型的事情因為所處的環境和形勢不同，所以解決的方法也不盡相同。那麼，這時候就需要我們隨時隨地來記錄自己得到的靈感和心得了，有些困難或者棘手的事情，在處理的時候，可能一時半會兒得不到很好的解決方案，但是，在某一個地方，忽然看到類似的事務或者在跟某個專業人士交談的時候，或許就突然有了靈感，事情就迎刃而解。而往往這種時候，我們可能恰巧不在辦公桌前面，所以，隨身攜帶空白卡片就很有必要了。

當經過長時間的積累之後，我們會突然發現，原來某一件事情竟然有如此多的解決方法，甚至不同時段針對不同的客戶或是合作單位，都有詳細周到的方案。相信在這樣的情況下再去進行工作的話，就沒有什麼苦難了，工作起來簡直就像是遊戲一樣輕鬆！

當天的工作提前完成後？集中精力考慮更長遠的計畫

當我們漸漸學會了對時間的管理之後，工作就會輕鬆多了，時間上也不會再緊張，偶爾也會有提前完成工作的時候。那麼這時候，我們是要閒下來無所事事呢？還是提前開始明天的工作任務，或者做其他的事情？相信每個人都有自己的安排，但是，那一種方法才是最合適最有益於自己的職業生涯發展的呢？不妨靜下心來認真考慮一番。

當工作緊張的時候，我們常常會抱怨自己沒有時間，沒辦法為自己的未來多做一些打算，想一下更長遠的計畫，那麼，在某一天工作任務比較少，能夠提前完成並且沒有其他緊急事情的狀態下，就來想一想自己的職業規劃或是人生計畫，根據自己目前的狀況和想要達到的高度，來給自己制定一個更長遠的計畫，按照計畫去完善自己的人生。這樣，就不至於會出現無所事事或者不知該做什麼好的情況了。

你真的為自己做好長遠打算了嗎？

小星自進入職場以來，已經有兩年多的時間了，熟悉業務的基礎上，對各方面的時間管理和分配也有了一定的掌控，所以，再次處理事務的時候，也變的井井有條。很多時候，都能在下班前提前完成自己的工作，於是，剩下來的這十幾二十分鐘或者只有幾分鐘的時間裡，小星常常不知道該做什麼好。即使有一堆想看的書、想做的計畫、想複習的資料，或者是明天就要開始的工作，但是，看看這個，再看看那個，就是提不起精神來。很多時候，也不知道自己究竟該做什麼打算，在這個職位上要做到什麼時候、打算在公司有什麼發展。於是，大多數情況下，這些時間就這樣被浪費掉了，看著一起進公司的好幾位同事要麼跳槽，要麼繼續深造，要麼已經升職，小星對此很苦惱，也很想改變自己目前的情況，可就是不知該從何下手。

一次全體員工聚餐的時候，小星再次見到了跟自己同一批進入公司，卻早已升職成為主管的小楊，兩人共同回憶起剛剛進入公司的共事時光，相談甚歡。餐後，談起各自的職業規劃，小星感覺很慚愧，不知道要說什麼，於是，借此把自己目前的困窘狀況向小楊傾訴了一遍，希望能夠得到合理的建議，以便能夠做個切合實際的計畫，好好打理一下自己的未來。小楊聽完小星的敘述之後，向他提出了一個小建議——若是能夠提前完成當天的工作，就把剩下的時間用來集中精力進行思考，給自己做一個切合實際的長遠計畫，每天都抽出幾分鐘來督促自己去完成，把計畫一點點向前推進，時間久了，就會發現很多原先只能想像卻沒有時間去完成的事情，已經在不知不覺中完成了。

小星按照小楊的建議去做，每天下班前都拿出幾分鐘的時間來為自己做一個長遠的計畫以及具體的實施目標，按照計畫一步一步去實現自己的目標。一段時間之後，果然發現自己想要做的事情都差不多做到了，半年之後，小星也順利完成為某部門的主要負責人員。

工作結束後的幾分鐘時間裡，因為一天的勞累，我們常常無心再去做別的事情，所以，不妨利用這段時間來進行思考，集中精力為自己做一個比較長遠的打算，為自己的職業生涯做出更好的規劃。

為什麼要集中精力考慮更長遠的計畫

步入職場以後，我們就會在某一個工作職位上做上很長一段時間，漸漸地對工作中的各項事宜都熟悉了之後，我們就懶得再去做一些改動。但是，這種想法，往往是我們工作和前進的大忌。若是沒有合理實際的規劃，很可能突然在某一天，我們就會停滯不前，會被後來者所取代，或者變得沒有動力沒有計劃性，每件事情都不能做好。這時候，在工作能夠提前完成的情況下，不妨利用剩下的時間集中精力為自己考慮更長遠的計畫。那麼，考慮長遠計畫對自己還有哪些好處呢？

1. 認清目前的形勢；
2. 找到自己最感興趣的方面；
3. 給自己挑選最合適的出路；
4. 找到自己最擅長並且最有益於自己發展的工作。

怎樣集中精力考慮自己的長遠發展

不論工作時間長短，我們都要為自己以後的發展做些適當的規劃，給自己制定明確的目標，然後監督自己每天都要去做一些，將看似不可能的長期計畫分解成每天的一點點，逐步來實現。那麼，怎樣集中精力來考慮自己的長遠發展呢？

1. 每天幾分鐘做個總結；
2. 整理出自己最擅長和最不擅長的工作；
3. 揚長避短，彌補不擅長的地方，對於擅長的，也要加強鞏固；
4. 為自己制定一個近期的比較長遠的計畫，比如要在三個月或是半年內完成的計畫；
5. 將長遠計畫逐步分解，每天完成一部分。

幾點關鍵，規劃美好人生

要想在工作職位上有所作為，給自己創造一個完美的職業人生，我們就要學會認真思考，適時給自己制定合適的較長時期的計畫，激勵自己一點點地進步，最終達到自己理想的高度。那麼，在集中精力考慮自己的長遠發展時還需要注意哪些關鍵事項呢？

1. 不管是自己喜歡的還是不喜歡的，在工作中都要盡力去做；
2. 針對自己的工作性質和所需要掌握的技能，來安排自己的人生規劃；
3. 即使是自己不感興趣的，但若是目前的工作需要，也要認真去彌補不足；

4.知道自己的發展目標，然後以此為契機，努力改善。

做好長遠打算，規劃自己的職業生涯

有效的職業生涯規劃，必須是在充分且正確地認識自身的條件與相關環境的基礎上進行。對自我及環境的瞭解越透徹，越能做好職業生涯規劃。並且需要切實可行的目標，以便排除不必要的猶豫和干擾，全心致力於目標的實現。如果沒有切實可行的目標作驅動力的話，人們是很容易對現狀妥協的。再者，有效的生涯規劃需要有確實能夠執行的生涯策略，這些具體的且可行性較強的行動方案會幫助你一步一步走向成功，實現目標。

有效的生涯規劃還要不斷地反省、修正生涯目標、生涯策略、方案是否恰當，以能適應環境的改變，同時可以作為下次生涯規劃的參考依據。所以，我們需要不少的時間來集中精力進行思考，對自己的職業生涯做出完美地規劃，成就自己的成功人生！

工作逐漸力不從心？把看電視的時間用來充電

踏上工作職位之後，我們的時間就會被工作中的各項事宜占滿，每天圍繞上班——工作——下班來進行一天的活動。看著一批又一批的高學歷高素質人才踏上社會，進入公司，你是否感到了危機？新進入公司的大學生、碩士生甚至博士生，雖然工作經驗沒有自己豐富，剛開始的時候難免手忙腳亂，這時候我們身為前輩可能還有一點優越感——即使你學歷再高，懂得的知識再多，在工作中還是需要前輩來指導你的。但是，等人家逐漸熟悉了公司的各項流程之後，你還會這樣認為嗎？

有沒有發現，這些新來的，在幾個月後，不論是處理事務方面還是工作效率上，都遠遠大於自己？可能你又要為自己找藉口了：我當初來公司的時候，這個方法就是最有效最高速的，這麼些年，都已經養成習慣了，怎麼適應的來別人的方法？或者，每個人都有自己做事的習慣，他的方法也不一定適合我……但事實就是，人家的效率的確比你高，所做的工作也更加完善。

這時候，不妨來看看身邊自己同一批的同事或者朋友，他們是否也跟自己一樣，正被新來的人才擠壓到不知名的角落裡而不知所措？如果不是的話，那麼，我們就要從自身來尋找原因了。

你真的能夠應付工作中的力不從心嗎？

小迪參加工作已經有兩年多的時間了，期間，因為努力認真、積極上進，一直是優秀職員，不論是工作效率還是處理的方法，在公司裡都算是首屈一指，兩年的時間也比大多數同事有了更高的起點。小迪對此也沾沾自喜，覺得在職場上自己也算是半個成功人士了，於是在之後的工作中，便不覺懈怠了。雖然還是能夠在規定的時間內完成工作任務，但實際上，跟最初的時候相比，工作效率已經有所降低，而因為隨著工作職位的變動，小迪需要自己去處理的事情也漸漸變少，大部分都可以授權。所以，小迪也心安理得的一天就在那裡磨磨蹭蹭，做完幾件事情就撒手。但是，最近公司招聘新人，有一個碩士生小李被分到了小迪所在小組。剛進入公司的時候，小李基本對於業務上的事情一竅不通，做事情也很慢，小迪心裡自鳴得意：「就算學歷再高又怎樣？工作上還不是一樣沒經驗，需要自己這個前輩來指導？」可是一段時間之後，小李就摸到了竅門，自己慢慢地熟悉各項工作的流程，不僅很快熟悉了各項業務，而且對於很多工作都有自己獨到的見解，處理的很到位，效率也很高。尤其是在一次公司晉級專案策劃中，小李很快提出了自己的意見，並且制定了適宜的解決方案，使得公司的一次合作化險為夷，得到了老闆的賞識和器重。

小迪這時候才有了危機感，卻又拉不下臉來去向新來的小李請教。偶然的一次機會，小迪遇到了自己的大學同學，已經做到業務經理的阿晨。羨慕的同時，忍不住把自己的苦惱向對方傾訴了一通，希望能夠給予自己一些合理的建議。阿晨聽說了之後，向小迪提出了一個建議——不斷給自己充電。比如，把看電視的時間用來看書，不管是金融經濟方面的也好，人事管理方面的也好，只要堅持不斷的學習，這些看似短時間用不到的知識，總會在某一項工作中能夠使用到。而且，知識面開闊了，思維也就寬廣了，在處理事情方面，就有了更多的思路和決策，工作效率自然也就大大提高。從此，小迪按照阿晨的建議去做，果然，一段時間之後，發現自己在一天的時間裡能夠處理更多的事務，而且對於每一項工作，都有了新的認識和不同的解決措施。半年之後，小迪再次升遷。

只有不斷學習，不斷充實自己，才能從容應對各種突發事件，對於工作中的日常事務，也能夠有更好的解決辦法，才能確保自己在工作中一直處於領先地位。只有成為了公司的樑柱，掌握了公司的關鍵經營命脈，我們才能說自己在工作中是獨一無二的，也才能證明自己對於公司的價值。

為什麼在工作中會感到力不從心

當今社會，知識信息量暴增，一旦放下書本，我們就有可能與社會脫節。更何況，即使已經工作穩定，也有大批高學歷高素質的年輕人湧向社會，說不定在某一天，因為人家的突出表現，自己就會被取代。即使不會如此，在面對新的科技手段帶來的工作任務時，因為沒有接觸過這方面的知識或者資訊，就很可能不知道該從何下手，在工作中漸漸感到力不從心。這時候，我們一定要拿出足夠的時間來充電，甚至犧牲自己看電視的時間。那麼，放棄看電視，利用這段時間來充電究竟有什麼好處呢？

1. 接觸新的知識和資訊，擴大知識面；
2. 彌補自己不足的方面，加強自己擅長的方面；

3. 瞭解當下的潮流，開闊眼界；
4. 對於相同類型的產業有一個大致的瞭解；
5. 能夠從容應對各種突發緊急事件；
6. 開闊思維，試著用不同的辦法來進行同一件工作。

怎樣利用原本看電視的時間來充電

既然我們已經知道了時間的重要性，就要學會把時間用在刀口上。在飛速發展的當今社會，有更多的知識和資訊需要我們去搜集去學習，以保證自己隨時都能夠跟上時代變換的節奏。所以，我們就要學會利用時間去給自己充電，那麼，該怎樣充分利用這段時間，來給白己充電呢？

1. 給自己做一個詳細周到的學習計畫；
2. 每天拿出一個小時的時間來，看一本書或是聽一節網路課程；
3. 適時總結，查缺補漏；
4. 從各方面提高自己的能力。

幾個關鍵，掌握更多知識

抽出一定的時間來給自己充電，並不是說隨便拿出一小時的時間來看幾頁書，聽一下外語聽力，或者報個名去上課就可以了，而是要從自身出發，結合自己的實績情況，確定自己要去學的知識，需要瞭解的資訊，重點著落，然後才能真正彌補自己的缺陷，掌握更多能夠用得上的知識，才能在工作中逐步提高自己。那麼，在充電的時候都需要注意哪些關鍵事項呢？

1.不要像瀏覽資訊一樣，看到哪個都瞄上兩眼，卻不去記憶，要尋找真正自己需要的東西，然後牢記在腦海；

2.根據工作需要和自己的職業規劃，重點學習某一方面的知識；

3.即使自己不感興趣的知識，若是當前的工作有需要，也需要及時補充資訊；

4.儘量掌握多一些資訊，對於常識類地，即使不需要的，也要大略知曉。

不斷學習，才能不斷進步

不斷學習才能與時俱進，才不會被時代所淘汰。比別人學得更快更好的能力，是21世紀最重要的能力，因為有太多的知識需要我們學習。學習能力強的人一定更容易取得成功。因為只有不斷學習、不斷提升，有足夠的能力，才能做出更好的成績。工作需要創新，需要與時俱進，與新時代接軌，而我們，也只有通過不斷地充電，不斷地學習，掌握更多的知識，才能做出更優異的創新成就，才能滿足時代和社會的需要，才能保證自己和公司立於不敗之地。只有在公司中佔據了一席之地，我們才能擁有更廣闊的人生空間，才能不斷進步，才能創造屬於自己的職業人生！

身體是革命的本錢？

午間閉目一刻鐘

我們每一天都在忙忙碌碌，為工作來回奔波，幾乎不得空閒。常常很多人會有這樣的感覺：到了中午的時候，尤其是午飯過後，一下子就感覺疲憊襲來，腦子裡一團漿糊，什麼事情都做不下去，或者即使勉強自己去做，也很沒有效果。或者，有些時候，長時間的工作之後，我們會感覺格外勞累，不光是精神上，連生理上都似乎到了極限。這時候再去工作的話，不光是效率提不上去，而且很有可能生病，更加會影響到工作的進度。

身體是工作的本錢。如果沒有好的健康狀況，我們就沒有辦法安安心心地進行工作，集中精力進行思考或者更快地想出好的對策。那麼，遇到這種情況該怎麼辦呢？工作不能耽誤，可是自己的效率也實在沒辦法提上去。

你真的在恰當的時間休息好了嗎？

小陳工作也有大半年的時間了，一直認真刻苦，對於自己的分內之事做的很周到，處理事情也很靈活。但是很多時候，小陳一整天的平均工作效率並不是很高，究其原因，就是因為大部分工作日的下午，小陳總是感覺到疲乏不已，腦袋裡混混沌沌，做起事情來思考很慢，動手處理也很慢，於是，原本上午只要半個小時就能做完的事情，當放到下午來做，卻需要一兩個小時的時間。這樣，本來一天就能夠輕鬆完成的工作，卻非得在下班後再努力一兩個小時才能草草完成。小陳為此苦惱不已，不光是需要加班的問題，因為工作進度總是落後其他同事，自己不得不抽出更多的時間來進行工作，其他各方面的安排，比如最近在學習的那個網路課程，跟朋友約好的郊遊等也都泡湯，就只是圍繞工作打轉，單調乏味不說，身體上和精神上也更加疲憊不堪。

偶然的一次機會，小陳跟同事兼大學校友楊主管一起吃飯的時候，小陳疲憊不堪的樣子讓楊主管很是驚訝。於是，小陳便把自己最近的苦惱一股腦地說了出來，並希望楊主管能夠給自己提個合理的建議。楊主管聽完後，向他提出了一個很小的建議——午間的時候，讓自己閉目休息一刻。大多數人在午飯後都會感到一定程度的疲乏和睏倦，這個時候，即使再勉強自己去進行工作，也不一定能夠有好的效果，所以，不妨利用十幾分鐘的時間，閉上眼睛讓自己休息一下。下午的時候，就能夠又更多的精力和體力來處理工作了。

小陳半信半疑，但還是抱著試試看的態度按照楊主管的建議去做。一段時間之後，小陳發現自己果然下午也不睏了，工作效率也提高了，再也不需要加班了，而且，單是日程表上的事情，只需要大半天的時間就能完成。於是，不僅有更多的時間去完善自己的工作，而且也有了時間繼續充電，學習新的知識。工作滿一年之後，小陳順利成為自己所在小組的小組長。

我們常常因為忙於工作而疏忽了自己的健康健康，導致積累到某一程度，就可能會生病，會很長一段時間都在耽誤工作，這樣，豈不是得不償失？所以，在日常的工作中，我們要保證自己的效率，就要讓自己隨時都有一個健康的身體和飽滿的精神狀態。

為什麼要午間閉目休息一刻鐘

午後1點鐘，人的精神狀態處於低潮，如果能安靜地休息一會兒，對於養心、養神都大有好處。找一個安靜的所在，躺下來，伸展開身體，小睡一會兒，更是一件非常愜意的事。如果你的辦公室不具備這種條件，還有很多種方式適合於午後的休息和放鬆，午休方式只有你想不到的，沒有做不到的。對於其他的午休方式，也可以嘗試，只要讓大腦不再考慮工作中的事情，完全放鬆，就能達到休息的目的。如果條件允許的話，最好是以靜態休息為主。所以，為了一天都能夠高效進行工作，午休是很必要的。那麼，午休一刻鐘究竟還有哪些好處呢？

1. 緩解上午的疲勞，平衡心理；
2. 恢復精力，給下午的工作帶來足夠充分的精神；
3. 幫助消化；

4. 補充睡眠；
5. 減少身體病害，保持健康。

午間如何進行休息

既然知道了午休的重要性，我們就要試著在午飯後進行一段時間的休息，讓自己有飽滿的精力和充足的體力去進行下午的工作，然後才能保證一天都高效。那麼，午間該怎樣進行休息，才是合理的，並且真正能夠讓自己達到休息的目的呢？

1. 開始休息之前，可以做一些運動，伸展一下腰桿；
2. 不能睡覺的情況下，可以洗洗臉、補補妝、遠眺一下風景；
3. 做點有趣的活動補充腦能量；
4. 在公司下面的小花園裡散散步；
5. 喝杯花草茶，緩解一下疲憊；
6. 有條件的情況下，儘量躺在床上睡一會兒。

午休好，一天都精力充沛

午休，並不是趴在桌子上打個盹就算是午休了，而是要切切實實讓大腦和身體同時進行休息。這樣，才能保證自己的休息不是徒勞，而是切實起到了作用。那麼，在午休的過程中，還需要注意哪些事項呢？

1.不要飯後立即睡覺，一般在飯後半小時左右開始午休；

2.不要坐在椅子上打盹；

3.午睡時間不宜太長，30分鐘左右為宜；

4.肥胖或是血壓低的人午睡不宜過長。

始終保持高效，輕鬆工作

我們進行工作的目的並不僅僅是為了吃飯賺錢，更多的是要去實現自己的人生價值，所以，若是一味地拼死拼活，為工作而工作，那麼，我們就失去了真正進行工作的意義。在日常的工作中，我們要學會勞逸結合，在努力工作的同事，也要積極想一些能夠進行合理休息的方法，這樣，才能保證一天的工作中，不僅不會被累的半死半死，而且輕輕鬆鬆實現自己的目標，得到成就感。那麼，從今天開始，放下總也忙不完的工作，來個午休吧！相信從今天開始，你會有一個不一樣的職場人生！

搶救用來發呆的時間？

放棄一切胡思亂想

即使每天都有一大堆忙不完的工作，我們似乎也無法將一天的全部精力都集中在眼下的工作上。既然是在工作，就免不了有沒有主意或是迷茫的時候，這時候，我們會不會就開始胡思亂想：這件事情該怎麼做才好？若不是交給我就好了，多麼希望這不是我的工作；這麼難的事情，要從哪裡下手……可是，思來想去，工作還是沒有完成，時間卻浪費了不少。甚至，還有一些時候，我們坐在辦公桌前面，什麼都不想做，就是在那兒坐著直愣愣地發呆，眼睜睜看著時間溜走。

不想工作的時候，不妨看看身邊的同事，他們是否也跟自己一樣，總是容易情緒化，根據自己的心情來進行工作，想做的時候就做，不想做的時候就乾脆發呆？我想大多數人都不會這樣，那麼我只能說，這就是你自身的問題了。

你真的能夠搶救用來發呆的時間嗎？

小岩已經算是公司的老員工了，一直以來工作認真、勤奮努力，對於各種處事方式，也能靈活使用，把自己的分內工作處理的井井有條，也因此得到了上司的賞識。但是，小岩一直都有一個壞習慣：工作任務比較少的時候，很容易就變得注意力不集中，不能一直將心思放在工作上，而是胡思亂想或是發呆。這本來也不是什麼大事，但是因為這個壞習慣，小岩總是不能順利完成自己的計畫。比如說，這一週的工作都比較輕鬆，於是，小岩打算用工作之餘的時間來學習一下資源管理的有關知識，但是，往往在忙完工作之後，小岩就像是發條鬆了的機器人，心思完全空了，對什麼事情都提不起興趣，就只能愣愣地坐在那裡發呆，什麼都不去想去做。於是，等到工作又再次忙了起來，沒有時間去看書的時候，小岩又開始悔恨，閒著的時候怎麼就不看呢？小岩對此很苦惱，想要改變這種境況，卻又不知該從何下手。

這樣的情況持續了一段時間之後，他下定決心要改變，於是，厚著臉皮去向王姐請教。王姐只比小岩早兩年的時間進入公司，如今卻已經是小主管。王姐聽說了小岩的煩惱之後，向他提出了一個建議——放棄一切胡思亂想或是發呆的時間，讓自己努力把心思放到工作或是學習上，堅持一段時間之後，就會發現，自己想做的事情都有足夠的時間去完成了。小岩雖然半信半疑，但還是按照王姐的建議去做，堅持了一段時間之後，果然發現自己能夠很輕易地收回心思，並且能夠按照自己的計畫去做自己想做的事情了。幾個月之後，由於在工作上表現出色，並且具備了相應的能力，小岩也順利獲得升職。

其實，在我們沒有察覺到的微笑的時間縫隙裡，經常會不自覺地發呆、胡思亂想、做些與工作無關的事情，這樣無非是對我們工作世界的浪費，所以，為了保證高效，必須來搶救這些發呆所佔用去的時間。

為什麼要避免胡思亂想

往往在我們面對棘手或者是困難事情的時候，就會忍不住「擴散思維」，希望能夠從更寬廣的角度來思考問題解決問題。但是，一旦控制不住思維擴散的程度，思考很可能就變成了胡思亂想，對於解決事情一點好處都沒有，同時卻會浪費自己的時間。所以，我們要儘量避免自己在工作中的胡思亂想和發呆的時間。那麼這樣做究竟有什麼好處呢？

1. 節省不必要的時間浪費；
2. 加強自控能力；
3. 工作之餘，也要不斷補充新的知識；
4. 避免工作思路被打斷；
5. 珍惜一分一秒的時間。

怎樣搶救用來發呆的時間

每個人都有思路卡彈或是一時半會兒想不到好主意的時候，往往在這個時候，我們很容易就把思考變成了發呆時間。而一旦胡思亂想起來，不僅浪費了時間，而且很難再回到原先的思路中去，效率自然就會大打折扣，所以，我們應該時刻提醒自己，放棄一切胡思亂想，搶救用來發呆的時間，提高自己的工作效率。那麼，該怎樣來搶救自己的發呆時間呢？

1. 在沒有思路的時候，可以站起來活動一下或是看幾頁書，而不要天馬行空地胡思亂想；

2. 一旦開始發呆，要隨時提醒自己未完成的工作或是未進行的學習；
3. 適當做些運動來緩解精神壓力；
4. 工作學習可交叉進行，避免無所事事。

思考還是發呆——牢記自己的目標

有些時候，也許自以為是在進行思考，卻不知該如何進行思考，只是想要解決眼下的困難。殊不知，沒有明確目的的思考，其實無異於發呆。我們在做每一件事情的時候，都會給自己制定一個目標：這件事情的目的是什麼，完成這件事情會有什麼好處等等。所以，在我們進行思考的時候，也是如此，無論打算用何種方式來解決問題，都要時刻牢記最初的目的。這就要求，我們在搶救發呆時間的時候，要注意如下事項：

1. 即使在思考中，也要拿筆記錄下自己的思路；
2. 將思考的要點與事情的解決方式相對比，看是否契合；
3. 在確定行不通的時候，立刻換思路，而不要鑽牛角尖；
4. 與工作無關的事情完全不要去考慮；
5. 若是十幾分鐘都沒有合適的解決思路，先放棄。

合理控制時間，成就完美人生

我們不是超人，公司請我們來也不是為了解決所有的問題。做好職責範圍內的重要工作才是我們工作的重要目標，而不要忙著給其他部門提建議、寫企劃或是思考其他事情。手上有太多額外的事情，必然導致我們自己的工作本分得不到很好地完成。而時間管理的目的，就是為了我們能夠更好地安排這8小時，做自己最應該去做且急切需要完成並能夠給公司和自己帶來最大利益的事情。

相信通過這麼長時間的探討和學習，大家對於時間管理都有了自己的方式方法，時間管理是一個長期而複雜的管理學方法，需要我們堅持不懈地去努力。如副書名所言「3小時輕鬆完成8小時工作」，那麼，現在的你，能做到了嗎？等真正能夠在3小時內完成8小時的工作時，我們就已經掌握了成功，在創造自己完美人生的道路上一路暢行無阻！

你可以不加班！

——效率達人教你3小時輕鬆完成8小時工作

作　　者	孫大為
發 行 人	林敬彬
主　　編	楊安瑜
編　　輯	陳亮均
美術編排	于長煦
封面設計	葉鈺貞
出　　版	大都會文化事業有限公司　行政院新聞局北市業字第89號
發　　行	大都會文化事業有限公司
	11051台北市信義區基隆路一段432號4樓之9
	讀者服務專線：(02)27235216
	讀者服務傳真：(02)27235220
	電子郵件信箱：metro@ms21.hinet.net
	網　　址：www.metrobook.com.tw
郵政劃撥	14050529 大都會文化事業有限公司
出版日期	2012年7月初版一刷
定　　價	280元
I S B N	978-986-6152-46-7
書　　號	Success-055

First published in Taiwan in 2012 by Metropolitan Culture Enterprise Co., Ltd.
4F-9, Double Hero Bldg., 432, Keelung Rd., Sec. 1, Taipei 11051, Taiwan
Tel:+886-2-2723-5216　Fax:+886-2-2723-5220
Web-site:www.metrobook.com.tw
E-mail:metro@ms21.hinet.net

國家圖書館出版品預行編目資料

你可以不加班！效率達人教你3小時輕鬆完成8小時工作／孫大為著. 初版. 臺北市：大都會文化出版．發行, 2012. 07
304面；21×14.8公分.

ISBN 978-986-6152-46-7（平裝）

1.時間管理　2.工作效率

494.01　　101008457

大都會文化 讀者服務卡

書名：**你可以不加班！**效率達人教你3小時輕鬆完成8小時工作

謝謝您選擇了這本書！期待您的支持與建議，讓我們能有更多聯繫與互動的機會。

A. 您在何時購得本書：______年______月______日

B. 您在何處購得本書：___________書店，位於___________(市、縣)

C. 您從哪裡得知本書的消息：

1.□書店 2.□報章雜誌 3.□電台活動 4.□網路資訊

5.□書籤宣傳品等 6.□親友介紹 7.□書評 8.□其他

D. 您購買本書的動機：（可複選）

1.□對主題或內容感興趣 2.□工作需要 3.□生活需要

4.□自我進修 5.□內容為流行熱門話題 6.□其他

E. 您最喜歡本書的：（可複選）

1.□內容題材 2.□字體大小 3.□翻譯文筆 4.□封面 5.□編排方式 6.□其他

F. 您認為本書的封面：1.□非常出色 2.□普通 3.□毫不起眼 4.□其他

G. 您認為本書的編排：1.□非常出色 2.□普通 3.□毫不起眼 4.□其他

H. 您通常以哪些方式購書：(可複選)

1.□逛書店 2.□書展 3.□劃撥郵購 4.□團體訂購 5.□網路購書 6.□其他

I. 您希望我們出版哪類書籍：（可複選）

1.□旅遊 2.□流行文化 3.□生活休閒 4.□美容保養 5.□散文小品

6.□科學新知 7.□藝術音樂 8.□致富理財 9.□工商企管 10.□科幻推理

11.□史地類 12.□勵志傳記 13.□電影小說 14.□語言學習（____語）

15.□幽默諧趣 16.□其他

J. 您對本書(系)的建議：

____

K. 您對本出版社的建議：

____

讀者小檔案

姓名：______________ 性別：□男 □女 生日：____年____月____日

年齡：□20歲以下 □21～30歲 □31～40歲 □41～50歲 □51歲以上

職業：1.□學生 2.□軍公教 3.□大眾傳播 4.□服務業 5.□金融業 6.□製造業

7.□資訊業 8.□自由業 9.□家管 10.□退休 11.□其他

學歷：□國小或以下 □國中 □高中／高職 □大學／大專 □研究所以上

通訊地址：______________________________

電話：（H）______________（O）______________ 傳真：______________

行動電話：______________E-Mail：______________

◎謝謝您購買本書，也歡迎您加入我們的會員，請上大都會文化網站 www.metrobook.com.tw 登錄您的資料。您將不定期收到最新圖書優惠資訊和電子報。

你可以不加班

Boost Your Efficiency

北區郵政管理局
登記證北台字第9125號
免 貼 郵 票

大都會文化事業有限公司

讀 者 服 務 部 收

11051台北市基隆路一段432號4樓之9

寄回這張服務卡〔免貼郵票〕
您可以：
◎不定期收到最新出版訊息
◎參加各項回饋優惠活動

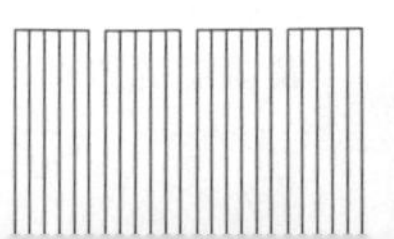